Laser in der Materialbearbeitung
Forschungsberichte des IFSW

M. Gorriz
Adaptive Optik und Sensorik
im Strahlführungssystem
von Laserbearbeitungsanlagen

Laser in der Materialbearbeitung
Forschungsberichte des IFSW

Herausgegeben von
Prof. Dr.-Ing. habil. Helmut Hügel, Universität Stuttgart
Institut für Stahlwerkzeuge (IFSW)

Das Strahlwerkzeug Laser gewinnt zunehmende Bedeutung für die industrielle Fertigung. Einhergehend mit seiner Akzeptanz und Verbreitung wachsen die Anforderungen bezüglich Effizienz und Qualität an die Geräte selbst wie auch an die Bearbeitungsprozesse. Gleichzeitig werden immer neue Anwendungsfelder erschlossen. In diesem Zusammenhang auftretende wissenschaftliche und technische Problemstellungen können nur in partnerschaftlicher Zusammenarbeit zwischen Industrie und Forschungsinstituten bewältigt werden.

Das 1986 gegründete Institut für Strahlwerkzeuge der Universität Stuttgart (IFSW) beschäftigt sich unter verschiedenen Aspekten und in vielfältiger Form mit dem Laser als einer Werkzeugmaschine. Wesentliche Schwerpunkte bilden die Weiterentwicklung von Strahlquellen, optischen Elementen zur Strahlführung und Strahlformung, Komponenten zur Prozeßdurchführung und die Optimierung der Bearbeitungsverfahren. Die Arbeiten umfassen den Bereich von physikalischen Grundlagen über anwendungsorientierte Aufgabenstellungen bis hin zu praxisnaher Auftragsforschung.

Die Buchreihe „Laser in der Materialbearbeitung – Forschungsberichte des IFSW" soll einen in Industrie wie in Forschungsinstituten tätigen Interessentenkreis über abgeschlossene Forschungsarbeiten, Themenschwerpunkte und Dissertationen informieren. Studierenden soll die Möglichkeit der Wissensvertiefung gegeben werden. Die Reihe ist auch offen für Arbeiten, die außerhalb des IFSW, jedoch im Rahmen von gemeinsamen Aktivitäten entstanden sind.

Adaptive Optik und Sensorik im Strahlführungssystem von Laserbearbeitungsanlagen

Von Dr.-Ing. Michael Gorriz
Universität Stuttgart

Springer Fachmedien Wiesbaden GmbH 1992

D 93

Als Dissertation genehmigt von der Fakultät für Konstruktions- und Fertigungstechnik der Universität Stuttgart.

Hauptberichter: Prof. Dr.-Ing. habil. H. Hügel
Mitberichter: Prof. Dr. phil. H. Tiziani

Die Deutsche Bibliothek – CIP-Einheitsaufnahme

Gorriz, Michael:
Adaptive Optik und Sensorik im Strahlführungssystem von
Laserbearbeitungsanlagen / von Michael Gorriz.
  (Laser in der Materialbearbeitung)
  Zugl.: Stuttgart, Univ., Diss.
  ISBN 978-3-519-06206-6   ISBN 978-3-663-11954-8 (eBook)
  DOI 10.1007/978-3-663-11954-8

Das Werk einschließlich aller seiner Teile ist urheberrechtlich geschützt. Jede Verwertung außerhalb der engen Grenzen des Urheberrechtsgesetzes ist ohne Zustimmung des Verlages unzulässig und strafbar. Das gilt besonders für Vervielfältigungen, Übersetzungen, Mikroverfilmungen und die Einspeicherung und Verarbeitung in elektronischen Systemen.

© Springer Fachmedien Wiesbaden 1992
Originally published by B. G. Teubner Stuttgart in 1992

Kurzfassung

In einer Anlage zur Lasermaterialbearbeitung ist es die Aufgabe des Strahlführungssystems, die Laserleistung möglichst verlustfrei von der Laserquelle zum Werkstück zu übertragen. Die Analyse von Strahlführungssystemen und deren Optimierung durch adpative Optik und Sensorik ist das Ziel der Arbeit. Zunächst wird das Ausbreitungsverhalten von handelsüblichen Kohlendioxid-Lasern in Strahlführungssystemen mit einem numerischen Verfahren nachvollzogen. Dabei wird in einen exemplarischen Strahlgang an einer definierten Position eine begrenzende Apertur eingefügt, um so die auftretende Beugung zu untersuchen. Nach einer Propagation über mehrere Meter (Freistrahl) wird der Laserstrahl mit einer Fokussieroptik gebündelt (Fokusstrahlengang) und dessen Intensitätsverteilung berechnet. Die Rechnungen werden mit der Hilfe eines Computerprogramms durchgeführt, das das zur Propagation von Wellenfronten erforderliche Fresnel-Kirchhoff-Integral numerisch löst. Die Ergebnisse belegen, daß die Intensität auf der optischen Achse im Fokusstrahlengang auch schon bei kleiner Abschattung im Freistrahl erheblich schwankt und somit mit hoher Wahrscheinlichkeit ein ungleichmäßiges Bearbeitungsergebnis verursacht

Besonders bei Strahlführungssystemen mit veränderlicher Strahlweglänge ("fliegende Optik") führt diese Intensitätsschwankung zu Problemen, da sie von der jeweiligen Position der Fokussieroptik im Arbeitsbereich abhängt. Mit einem Strahlsensor, der simultan zur Bearbeitung den Winkel des Laserstrahls zur optischen Achse und den Krümmungsradius der Wellenfront mißt, und einem adaptiven Spiegel kann ein geregeltes Strahlführungssystem aufgebaut werden, das die Strahltaille im Fokusstrahlengang im ganzen Arbeitsbereich der Strahlführung örtlich konstant hält. Die Komponenten des Strahlsensors werden theoretisch beschrieben und experimentell untersucht. Die Vorteile gegenüber ungeregelten Strahlführungssystemen werden in einem Konzept für ein industriell einsetzbares System erläutert.

Seite

Bezeichnungen

Formelzeichen

A	Amplitude des skalaren elektrischen Feldes
a	Lochabstand
b	Blendenradius
b	Bildweite
c	Lichtgeschwindigkeit
d	Strahldurchmesser nach DIN
E	skalare elektrische Feldstärke
f	Brennweite
Δf	Abweichung der Position der Strahltaille von der Brennweite
G	Anzahl der Gitterpunkte
g	Gegenstandsweite
H_{mn}	Hermitesches Polynom
I	Intensität
I_{norm}	Intensität, normiert mit der Intensität des Gaußschen Strahls
J_1	Besselfunktion der ersten Ordnung
j	imaginäre Einheit
$K_{T_{x,y}}$	Korrektursignal der Kippung
K_F	Korrektursignal der Fokussierung
k	Wellenzahl
l	Entfernung zweier Punkte im Raum
$L_{p,l}$	Laguerresches Polynom
M	Vergrößerung
N	Anzahl der Löcher
N	Fresnelzahl
o	Abstand der Beugungsordnungen auf der Lochblende
P	Leistung
P_0	eingestrahlte Leistung
$P_{R_{n,m}}$	Leistung der m,n-ten Ordnung in Reflexion

$P_{T_{n,m}}$	Leistung der m,n-ten Ordnung in Transmission
p	Druck
q	komplexer Strahlparameter
R	Krümmungsradius
r	Reflektivität
r_{min}	Mindestradius der freien Apertur im Strahlengang
S	Fläche der Apertur
ΔS	diskrete Flächeneinheit der Apertur
$S_{1,2,3,4}$	Signale des Quadrantendetektors
s	Lochdurchmesser
t	Transmissionskoeffizient
u	Maximum aus u_x und u_y
$u_{x,y}$	Diskretisierungseinheit
w	Strahlradius
$w(z_0)$	Strahlradius auf der Fokussieroptik
w_0	Strahltaille
x_{norm}	mit dem Strahlradius des Gaußschen Strahls normierte x-Koordinate
z	Propagationsentfernung im Freistrahl
z_f	Propagationsentfernung im Fokusstrahlengang
z_R	Rayleighlänge
z_{R_0}	Rayleighlänge im Freistrahl
z_{R_f}	Rayleighlänge im Fokusstrahlengang
z_0	Abstand von der Strahltaille
α	Winkelmeßbereich des Sensors
β	Ablenkung
δ	Beugungswinkel
ε	Dielektrizitätskonstante
Φ	Phase des skalaren elektrischen Feldes
η	Blendenverhältnis
λ	Wellenlänge
ν	Frequenz

ν_0	Mittenfrequenz
ν_B	Bandbreite
π	Kreiszahl
θ_h	Halbwinkel der Divergenz

Abkürzungen

EXP	Exponentialfunktion
FET	Feldeffekttransistor
Nd:YAG	Neodym:Yttrium-Aluminium-Granat
RMS/DC	spannungsgesteuerter Gleichrichter (engl: root-mean-square/direct current)
TCP	Arbeitspunkt des Werkzeugs (engl: tool-center-point)
TEM	transversal elektromagnetisch
2D	zweidimensional
3D	dreidimensional

1 Einführung und Zielsetzung

In der Materialbearbeitung, speziell von Metallen, hat der Laser einen festen Platz eingenommen. Nach [1] sind mit Lasern folgende Bearbeitungsverfahren durchführbar: Abtragen, Bohren, Schneiden, Schweißen, Härten, Legieren, Beschichten. Dabei wird der Laser als "thermisches Werkzeug" benutzt, d.h. daß das Werkstück durch eine lokale Erwärmung bearbeitet wird. Einzige Ausnahme ist das Arbeiten mit Excimerlasern, bei denen bei einigen Materialien der Abtrag auch durch photochemische Reaktionen erreicht wird.

Die Vorteile des Lasers gegenüber herkömmlichen Verfahren (z.B. Gasflamme, Lichtbogen, Plasmastrahl) liegen in der sehr guten Fokussierbarkeit des Laserstrahls, also Bündelbarkeit der Energie, und damit in der gezielten Erwärmung eines sehr kleinen Teils des Werkstücks. Besonders beim Schneiden, Schweißen und Bohren wird auf eine große Konzentration bzw. Leistungsdichte Wert gelegt.

Der prinzipielle Aufbau einer Laserbearbeitungsanlage ist im Bild 1.1 wiedergegeben. In der Laserstrahlquelle wird ein Medium elektrisch oder optisch angeregt und so vom thermodynamischen Gleichgewicht in den laseraktiven Zustand gebracht. Im Resonator entsteht dann durch stimulierte Emission ein Strahlungsfeld, von dem ein Teil im allgemeinen durch einen teildurchlässigen Spiegel ausgekoppelt wird.

Dieser Laserstrahl wird mit den Elementen der Strahlführung und -formung zum Werkstück geleitet. Dabei gibt es Bauformen, die den Laserstrahl ortsfest halten oder ihn im Raum bewegen. Elemente der Strahlführung sind entweder Lichtleitfasern (z.B. für Nd:YAG-Laser) oder Spiegel (für CO_2-Laser).

Das Werkstück wird vom Handhabungssystem aufgenommen. Das Spektrum der Applikationen reicht von einfachen Anwendungen (Flachblechschneiden), bei der lediglich eine 2D-Relativbewegung mit feststehendem Strahl und bewegtem Werkstück (z.B. auf einem XY-Verschiebetisch) realisiert wird, bis hin zu komplexen Verfahren mit aufwendigen Handhabungs- und Strahlführungssystemen. Dabei wird der Laserstrahl mit einem Portal oder mit einem Roboter mit bis zu sechs Achsen frei im Raum bewegt ("fliegende Optik").

An das Strahlführungssystem werden damit hohe Anforderungen gestellt. Erstens sollte es im gesamten Arbeitsbereich der Laserbearbeitungsanlage die Intensität auf dem Werkstück konstant halten. Zweitens muß der Laserstrahl möglichst verlustfrei von der Laserquelle zum Werkstück übertragen werden, weil die Betriebskosten der Lasermaterialbearbeitung ohnehin teilweise das mehrfache anderer Methoden betragen: Einerseits sind die Stromkosten recht hoch, weil die Strahlerzeugung, also die Umwandlung von elektrischer Energie (Primärenergie) in Laserstrahlenergie (Sekundärenergie) mit hohen Verlusten behaftet ist;

der Gesamtwirkungsgrad modernster Serienanlagen liegt nur bei etwa 10%. Andererseits ist die Investition sehr groß, was sich in einer hohen Abschreibung pro Arbeitsstunde auswirkt. Die Betriebskosten für eine Laserbearbeitungsanlage mit einer Leistung von 1kW betragen etwa 150DM/h.

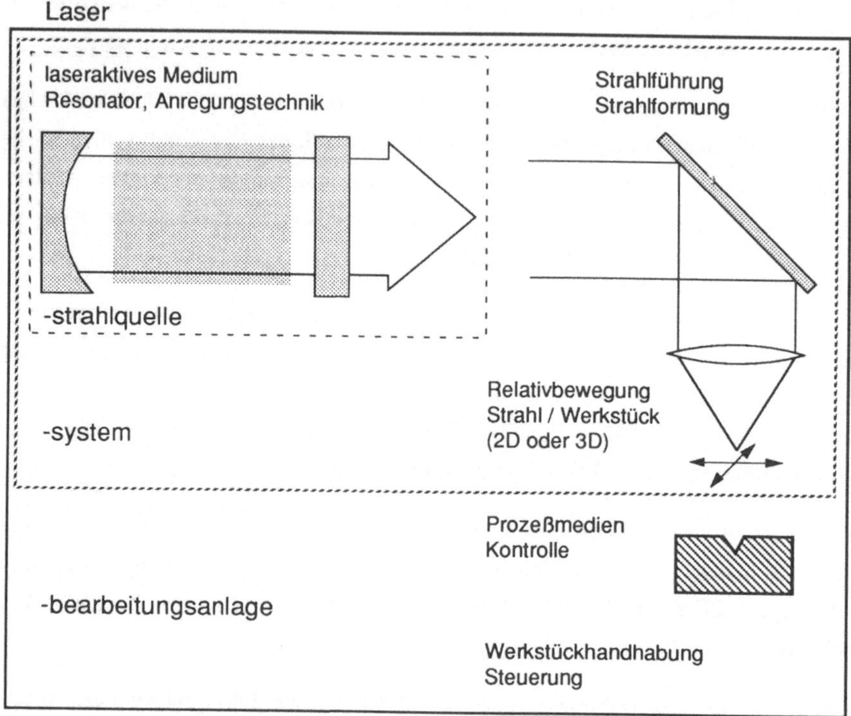

Bild 1.1:   Aufbau einer Laserbearbeitungsanlage (nach [1])

Der Bereich einer Laserbearbeitungsanlage, in dem der Laserstrahl geführt wird, heißt Strahlengang oder Strahlweg. Im folgenden werden zwei Teile unterschieden: Der Freistrahl, der sich vom Resonator bis zur Fokussieroptik erstreckt, und der Fokusstrahlengang, der von der Fokussieroptik bis zum Werkstück geht. Der Bearbeitungspunkt einer Laserbearbeitungsanlage ist im allgemeinen der Ort der höchsten Intensität im Fokusstrahlengang (Strahltaille).

In der Strahlführung, um deren Optimierung es in dieser Arbeit ausschließlich geht, gibt es mehrere Störungsursachen, die die Effizienz des Verfahrens verringern:

- Beugungsverluste,
- Wandern der Strahltaille im Fokusstrahlengang,
- Verringerung der Strahlqualität durch optische Elemente und
- Absorptionsverluste durch optische Elemente (hier nicht behandelt).

Die beiden ersten Punkte kommen durch die Ausbreitungscharakterisktik des Laserstrahls zustande. Ein Laserstrahl hat entweder eine konvergente oder eine divergente Form, sein Durchmesser nimmt also in Strahlrichtung entweder ab oder zu. Wird der Durchmesser so groß, daß der Laserstrahl an die Strahlummantelung trifft oder im Strahlengang nicht mehr ganz von den optischen Elementen (Spiegel, Linsen) erfaßt wird, geht ein Teil des Laserstrahls auf seinem Weg zum Werkstück verloren.

Durch die genaue Kenntnis der Ausbreitungscharakteristik des Laserstrahls und eine Anpassung des Strahlführungssystems können diese Störungsursachen weitgehend vermieden werden. Im Kapitel 2.1 werden die analytischen Formeln für die Ausbreitung erläutert. Da die Formeln nur für idealisierte Strahlverläufe gelten, wurde ein Rechenverfahren entwickelt, mit dem sich reale Laserstrahlen berechnen lassen. Ergebnisse von einigen exemplarischen Berechnungen sind im Kapitel 3 wiedergegeben. Anhand dieser Ergebnisse werden Richtlinien zur Auslegung von Strahlführungssystemen formuliert.

Die Entwicklung von Maßnahmen zur Vermeidung der zweiten Störungsursache, dem Wandern der Strahltaille im Fokusstrahlengang, ist das Hauptthema dieser Arbeit. Die Ursachen für das Wandern sind zum einen thermisch bedingte Veränderungen von optischen Elementen in der Laserstrahlquelle und der Strahlführung, ungewollte Positionsveränderungen der optischen Elemente (Schwingungen, mechanisches Spiel, Dejustage) und die Veränderungen der Strahlweglänge bei Anlagen mit "fliegender Optik" (der Zusammenhang zwischen Brennpunktlage und Strahlweglänge wird im Kapitel 2.1.3 eingehend erläutert).

Im Bild 1.2 sind die Auswirkungen derartiger Störungen schematisch dargestellt. Ein Winkelfehler, der einen lateralen Versatz verursacht, macht sich in einer verminderten Bahngenauigkeit bemerkbar. Eine Verschiebung der Strahltaille im Fokusstrahlengang bewirkt, daß weniger Intensität auf das Werkstück trifft. Damit sinkt die erzielbare Bearbeitungsgeschwindigkeit.

Im Kapitel 4 wird ein Verfahren und eine Vorrichtung beschrieben, die während der Bearbeitung einen Teil des Laserstrahls auskoppelt und den Zustand des Strahls vermißt. Die Vorrichtung besteht aus einem Strahlteiler, einem optischen System und einem Detektor mit nachgeschalteter Elektronik. Sie ist für CO_2-Laser konzipiert, aber prinzipiell auch für

andere Lasertypen anwendbar. Mit dem System wird der Winkelfehler und die Divergenz
des Laserstrahls gemessen.

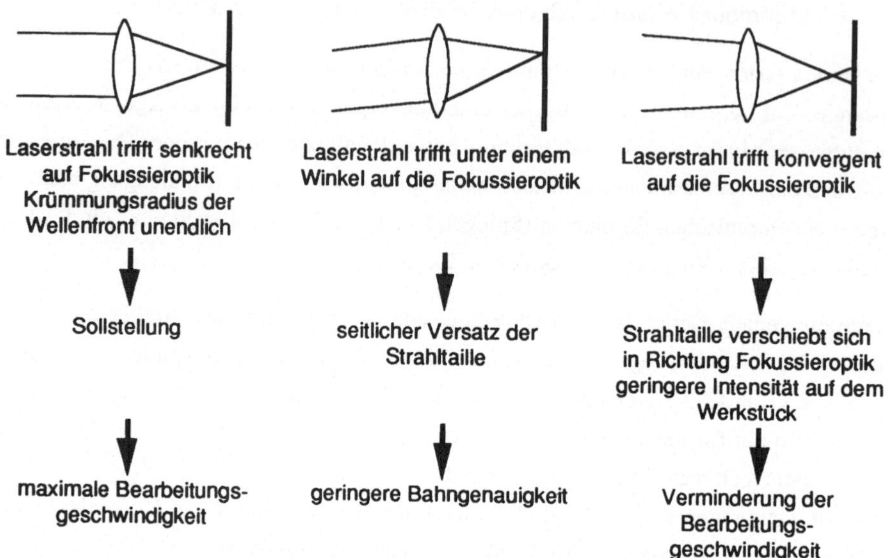

Bild 1.2:   Effekte, die durch das Wandern der Strahltaille im Fokusstrahlengang auf-
treten

Damit ist es möglich, anstelle von passiven Strahlführungssystemen, die lediglich ein
Stellsystem für die Spiegel sind, geregelte Strahlführungssysteme zu bauen, die in einem
Regelkreis die Strahltaille während der Bearbeitung konstant in allen drei Dimensionen
halten. Im Kapitel 5 wird ein solches System vorgestellt, das für den industriellen Einsatz
konzipiert ist.

2   Grundlagen der Optik

Da fast alle Laserquellen, die heute in der Materialbearbeitung benutzt werden, Gaußsche Strahlen erzeugen, werden hier ihre Eigenschaften eingehend behandelt. Im Anschluß wird die Beugung und ihre mathematische Darstellung erläutert.

2.1   Gaußscher Strahl

2.1.1   Moden

Ein Laserstrahl ist eine elektromagnetische Welle. Er wird von einem laseraktiven Medium (LAM) erzeugt, das von einem Resonator umgeben ist [2]. Mögliche Eigenschwingungen eines Resonators werden Moden genannt und hängen von Form und Aufbau des Resonators ab. Zur vollständigen Beschreibung der Moden benötigt man drei Parameter: Einen für die longitudinale Mode und zwei für die transversalen Moden, die auch als Transversale Elektromagnetische Moden, kurz TEM - Moden, bezeichnet werden. Da die longitudinale Mode durch die Länge des Resonators und die Wellenlänge λ festgelegt ist, wird sie in der Regel nicht angegeben [2].

Der weitaus gebräuchlichste Resonator ist der stabile Resonator [3], dessen Moden mathematisch in [4] für Rechtecksymmetrie und in [5] für Radialsymmetrie erstmalig beschrieben wurden. Die Symmetrie wird von der Beschaffenheit der Resonatorspiegel und dem Einfluß des Mediums (z.B. Dichteschwankungen) auf die optischen Eigenschaften des Resonators bestimmt.

Das skalare elektrische Feld E einer Mode mit Rechtecksymmetrie wird z.B. nach [6] wie folgt beschrieben. Das Koordinatensystem ist generell so gelegt, daß der Strahl entlang der z-Achse (=optische Achse) propagiert, x- und y-Achse sind senkrecht dazu, wobei die x-Achse horizontal liegt:

$$E_{mn}(x,y,z) \sim \frac{1}{w(z)} H_m\!\left(\frac{\sqrt{2}x}{w(z)}\right) H_n\!\left(\frac{\sqrt{2}x}{w(z)}\right) EXP\!\left[-\frac{1}{w^2(z)}(x^2+y^2)\right]$$

$$EXP\!\left[-j\frac{k}{2R(z)}(x^2+y^2)\right] EXP[-jkz] \quad . \tag{2.1}$$

Hier und im folgenden ist $j = \sqrt{-1}$. Die erste Zeile beschreibt die Amplitude, die zweite Zeile die Phase in kartesischen Koordinaten. Der Strahlradius $w(z)$ ist bei der TEM_{00} - Mode die Entfernung von der Strahlachse, an dem die Amplitude den 1/e-ten Teil des Wertes auf der Achse hat. Mit $R(z)$ bezeichnet man den Krümmungsradius der Phasenfront in der Entfernung z von der Strahltaille (siehe auch Kapitel 2.1.2). Die Zeichen H_n und H_m

stehen für die Hermiteschen Polynome der Ordnungen n bzw. m. Die niedrigen Ordnungen der Hermiteschen Polynome lauten:

$$H_0(x) = 1 \qquad\qquad\qquad H_1(x) = 2x$$

$$H_2(x) = 4x^2 - 2 \qquad\qquad\qquad H_3(x) = 8x^3 - 12x \qquad . \qquad (2.2)$$

Die Ordnung der Moden gibt die Anzahl der Nullstellen in x- bzw. y-Richtung an. Die Amplitude der elektrischen Feldstärke der TEM_{01} - Mode hat z.B. nach (2.1) und (2.2) in der y-Richtung eine Nullstelle.

Liegt eine Radialsymmetrie vor, gilt:

$$E_{pl}(r,\theta,z) \sim \frac{1}{w(z)}\left(\frac{\sqrt{2}r}{w(z)}\right)^l L_p^l\left(\frac{\sqrt{2}r^2}{w(z)^2}\right)EXP\left(-\frac{r^2}{w(z)^2}\right)\sin(l\theta)$$

$$EXP\left(-j\frac{kr^2}{2R(z)}\right)EXP(-jkz) \qquad . \qquad (2.3)$$

Darin sind L_p^l die Laguerre-Polynome, deren niedrigste Ordnungen nach [6] lauten:

$$L_0^l(r) = 1 \qquad\qquad\qquad L_1^l(r) = l + 1 - r$$

$$L_2^l(r) = \frac{1}{2}(l+1)(l+2) - (l+2)r + \frac{1}{2}r^2 \qquad . \qquad (2.4)$$

Ein Laserstrahl mit der TEM_{00} - Mode ist für beide Symmetrien identisch und hat eine gaußförmige Amplitudenverteilung, weshalb er Gaußscher Strahl genannt wird. Die höheren Moden nennt man entsprechend ihrer Symmetrie Hermite-Gaußsche oder Laguerre-Gaußsche-Moden.

Direkt beobachtbar ist in der Realität jedoch nicht die elektrische Feldstärke E, sondern die Intensität I [7]:

$$I = \frac{1}{2}c\,\varepsilon|E|^2 \propto |E|^2 \qquad . \qquad (2.5)$$

Dabei ist c die Lichtgeschwindigkeit und ε die Dielektrizitätskonstante. Der Faktor 1/2 in (2.5) kommt von der Mittelwertbildung.

Für einige Moden ist im Bild 2.1 der Intensitätsverlauf dargestellt:

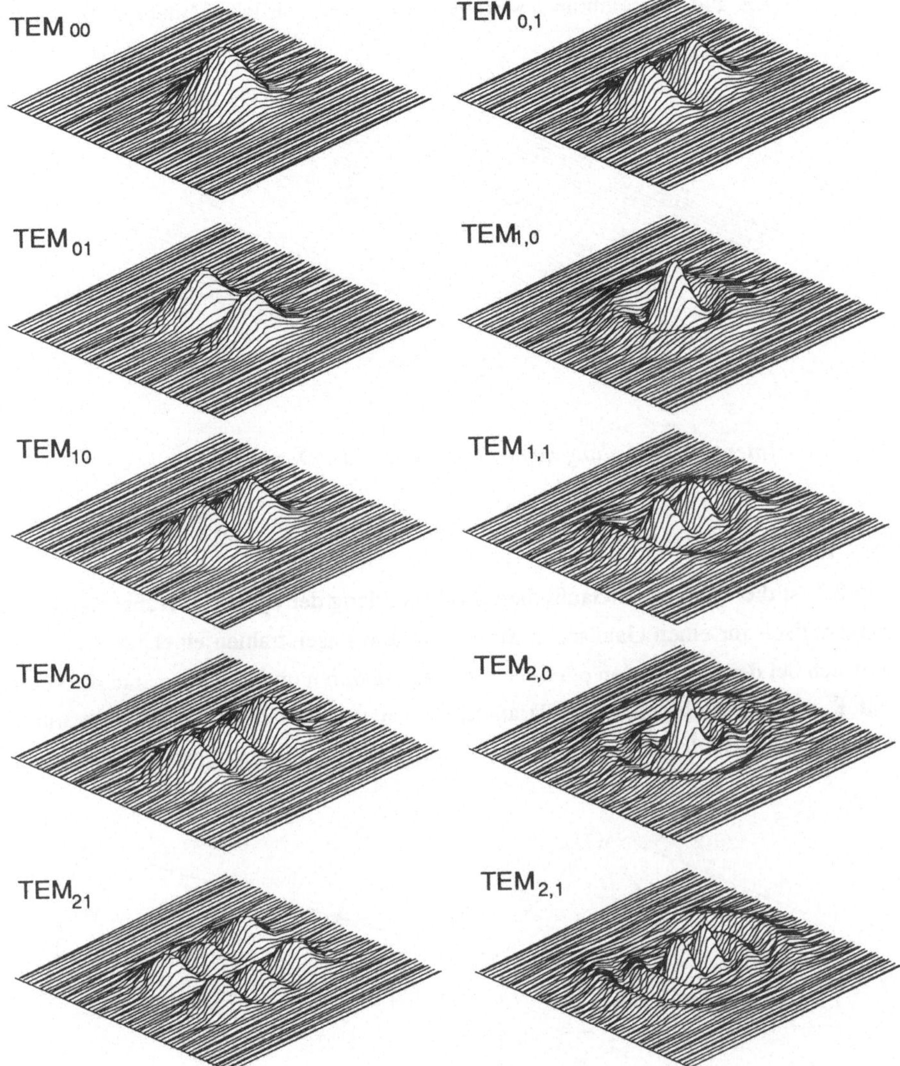

Bild 2.1: Intensitätsverteilung einiger Hermite-Gauß- (links) und Laguerre-Gauß-Moden (rechts)

In den Materialbearbeitungslasern sind zwei Moden besonders häufig zu finden: Die TEM$_{00}$- und die TEM$_{01}$*-Mode. Die TEM$_{01}$*-Mode, sie wird "Donut"-Mode genannt, ist keine richtige Mode. Sie entsteht durch einen Wechsel zwischen der TEM$_{01}$- und der

TEM_{10}-Mode mit einer Frequenz, die im Megahertzbereich oder darüber liegt. Mit einfachen Mitteln (z.B. Plexiglaseinbrand) wird deshalb nur der zeitliche Mittelwert beobachtet:

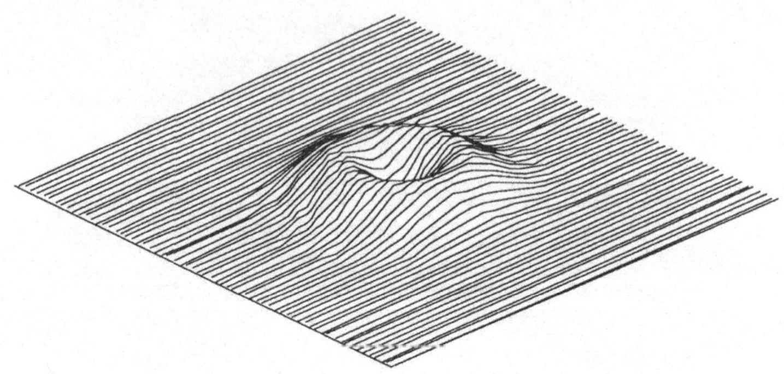

Bild 2.2:   *Intensitätsverteilung einer $TEM_{01}*$ - Mode (Donut-Mode)*

2.1.2   Propagation

In Bild 2.3 ist die Form eines Gaußschen Strahls entlang der optischen Achse dargestellt. Charakteristisch für einen Gaußschen Strahl und alle Laserstrahlen einer höheren Mode ist, daß sich bei der Propagation oder dem Durchgang durch optische Elemente die Größen w und R ändern, nicht aber die Parameter m, n und λ. Damit ändert sich nur die Ausdehnung des Strahls quer zur optischen Achse und die Krümmung der Phasenfront.

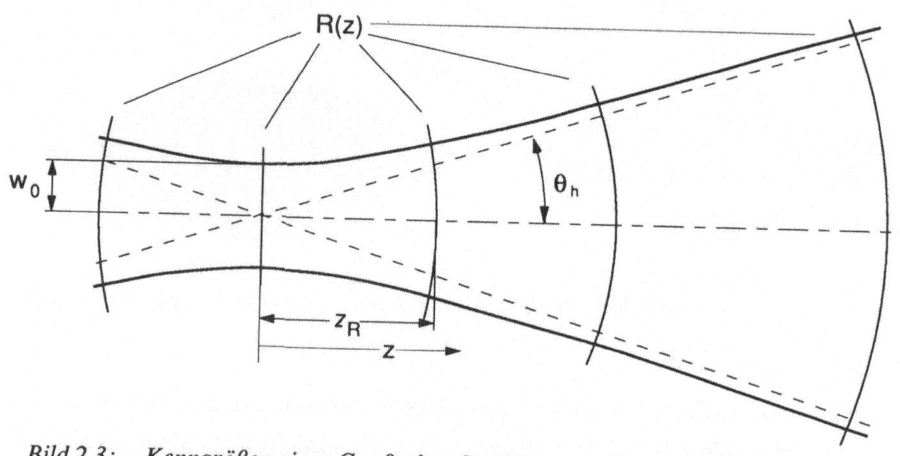

Bild 2.3:   *Kenngrößen eines Gaußschen Strahls*

Der kleinste Strahlradius ist die Strahltaille w_0. An der Strahltaille ist der Krümmunggradius R der Phasenfront unendlich. Ausgehend von der Strahltaille durchläuft der Gaußsche Strahl zwei Regionen: das Nahfeld und das Fernfeld. Das Nahfeld erstreckt sich von der Strahltaille bis zur Rayleighlänge z_R (auch in rückwärtiger Richtung) und ist der Bereich, in dem der Strahl auf das $\sqrt{2}$-fache der Strahltaille w_0 anwächst:

$$z_R = \frac{\pi w_0^2}{\lambda} \qquad . \tag{2.6}$$

Bei der Rayleighlänge hat die Wellenfront ihren geringsten Krümmungsradius:

$$R(z_R) = 2\, z_R \qquad . \tag{2.7}$$

Im Fernfeld, dem Bereich weit außerhalb der Rayleighlänge, nimmt der Radius linear mit der Entfernung zu. Der Halbwinkel der Divergenz θ_h beträgt:

$$\theta_h = \frac{w(z)}{z} \qquad \text{für } z \gg z_R$$

$$= \frac{\lambda}{\pi w_0} \qquad . \tag{2.8}$$

Zur Berechnung des Gaußschen Strahls an einem beliebigen Ort führt man den komplexen Parameter q(z) ein [6]:

$$\frac{1}{q(z)} = \frac{1}{R(z)} - j\frac{\lambda}{\pi w^2(z)} \qquad . \tag{2.9}$$

Ist der Krümmungsradius R und der Strahlradius w an einer Stelle z_1 bekannt, wird durch (2.9) ein $q_1 = q(z_1)$ definiert. Es gelten folgende Transformationsgesetze. An einer beliebigen Position z auf der optischen Achse ist q:

$$q(z) = q_1 + z - z_1 \qquad . \tag{2.10}$$

Geht der Gaußsche Strahl durch eine Linse der Brennweite f, erfährt q die Transformation:

$$\frac{1}{q_2} = \frac{1}{q_1} - \frac{1}{f} \qquad . \tag{2.11}$$

Mit den Gleichungen (2.12) lassen sich die reellen Größen R(z), w(z), w_0 und die Entfernung zur Strahltaille z_0 aus q berechnen. Die Operation "komplex-konjugiert" wird in den Gleichungen mit einem * gekennzeichnet:

$$\frac{1}{R(z)} = \text{Re}\left(\frac{1}{q(z)}\right) \qquad\qquad \frac{1}{w^2(z)} = -\frac{\pi}{\lambda}\,\text{Im}\left(\frac{1}{q(z)}\right)$$

$$z_0 = \frac{q + q^*}{2} \qquad\qquad w_0 = \sqrt{\frac{j\,\lambda(q^*-q)}{2\pi}}$$

$$\theta_h = \sqrt{\frac{2\lambda}{j\pi(q^*-q)}} \qquad\qquad z_R = \frac{j(q^*-q)}{2} \qquad . \qquad\qquad (2.12)$$

Die Intensität auf der optischen Achse eines Gaußschen Strahls der Leistung P beträgt:

$$I_{r=0}(z) = \frac{2P}{\pi w(z)^2} \qquad . \qquad\qquad (2.13)$$

Für den Strahldurchmesser d liegt derzeit nur eine Vornorm [21] vor. Demnach ist d so definiert, daß durch eine kreisförmige Blende mit dem Durchmesser d 86% der Gesamtleistung hindurchtritt. Diese Definition wurde insbesondere in Hinblick auf die einfache Meßbarkeit gewählt. Der Strahldurchmesser d läßt sich nämlich mit einem Satz von Blenden und einem Leistungsmesser bestimmen.

Bisher wurde als Strahlradius r der Ort gewählt, an dem die Amplitude den 1/e- ten Teil des Wertes auf der Achse angenommen hat. Diese Definition ist jedoch bei nicht rotationssymmetrischen Moden nicht eindeutig. Ebenso ist zur Messung eine ortsaufgelöste Messung der Intensität notwendig, was im allgemeinen wesentlich aufwendiger ist. Da in der vorliegenden Arbeit nur berechnete rotationssymmetrische Strahlen betrachtet werden und damit die Amplitude an jeder Stelle bekannt ist, ist bei dem Begriff Strahlradius ohne besonderen Hinweis immer die 1/e-Definition gemeint.

Beim Gaußschen Strahl ist der Strahldurchmesser d (gemäß der Vornorm [21]) nach [6] identisch mit dem bisher definierten Strahlradius:

$$d = 2\,w(z) \qquad . \qquad\qquad (2.14)$$

Für höhere TEM-Moden in Rechtecksymmetrie gilt nach [2] für den Strahlradius $r_{TEM_{mn}}$:

$$r_{TEM_{mn}}(z) = w(z) \cdot \sqrt{2\cdot\max(m,n) + 1} \qquad . \qquad\qquad (2.15)$$

Für Radialsymmetrie gilt:

$$r_{TEM_{pl}}(z) = w(z) \cdot \sqrt{2\cdot p + 1 + 1} \qquad . \qquad\qquad (2.16)$$

Setzt man den Radius der höheren Moden an Stelle des Strahlradius des Gaußschen Strahls in Gl. 2.8 ein, so sieht man, daß sich auch die Divergenz der höheren Moden um den Faktor $\sqrt{2 \cdot \max(m,n)+1}$ bzw. $\sqrt{2p+l+1}$ vergrößert.

Im Anhang 8.1 ist ein FORTRAN-Programm beigefügt, das nach der Eingabe von Strahlradius und Krümmungsradius oder Strahlradius und Divergenz die Parameter eines Gaußschen Strahls für die Propagation und beim Durchgang durch Linsen berechnet.

2.1.3 Fokussierung

Zur Fokussierung wird der Laserstrahl mit einer Linse oder einem Spiegel so verändert, daß die gesamte Leistung auf eine im allgemeinen möglichst kleine Fläche konzentriert wird. Im folgenden wird nur von Linse gesprochen, was lediglich eine sprachliche Vereinfachung ist. Die Strahltaille w_0 liege in einer Entfernung z_0 vor der Linse mit der Brennweite f (Bild 2.4). Nach der Linse hat der Strahl eine Strahltaille w_f im Abstand z_f, der um den Betrag Δf von der Brennweite entfernt ist.

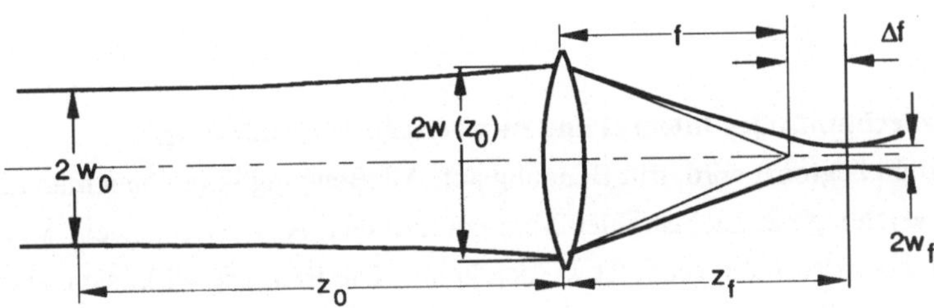

Bild 2.4:   Fokussierung eines Gaußschen Strahls

Die Rayleighlänge vor der Linse heiße z_{R_0}, nach der Linse z_{R_f}. Dabei wird z_{R_f} auch Schärfentiefe genannt, da in dem Bereich der Rayleighlänge der Durchmesser des Laserstrahls nur wenig variiert (siehe Kap. 2.1.2). Mit Hilfe des Transformationsgesetzes (2.11) und der Gleichungen (2.6), (2.10) und (2.12) können die Größen w_f und z_f berechnet werden:

$$w_f = \frac{w_0 \cdot f}{\sqrt{(z_0 - f)^2 + z_{R_0}^2}} \tag{2.17}$$

$$\Delta f = \frac{(z_0 - f) \cdot f^2}{(z_0 - f)^2 + z_{R_0}^2} \tag{2.18}$$

In Laserbearbeitungsanlagen ist die Fokussieroptik im allgemeinen mehrere Meter von der Auskoppelebene und damit von der Taille entfernt angeordnet [2], während f zwischen

50mm und 300mm liegt. Mit der dann gültigen Näherung $z_0 \gg f$ lassen sich (2.17) und (2.18) für die TEM$_{00}$-Mode vereinfachen:

$$w_f \approx \frac{\lambda \cdot f}{\pi \cdot w(z_0)} \tag{2.19}$$

$$\Delta f \approx \frac{z_0 \cdot f^2}{z_0^2 + z_{R_0}^2} \tag{2.20}$$

Dabei ist $w(z_0)$ der Strahlradius auf der Linse. Die Größe der Strahltaille hängt nach (2.19) sowohl von der Brennweite, als auch von der Ausleuchtung $w(z_0)$ der Linse ab. Der Ort der Strahltaille hinter der Linse hängt neben der Brennweite und der Größe der Strahltaille auch von der Entfernung der Fokussieroptik von der Strahltaille bzw. der Laserquelle ab. Gerade bei Anlagen mit "fliegender Optik" ergeben sich dadurch erhebliche Verschiebungen. Durch die gleichzeitige Änderung der Intensität bleiben die Bearbeitungsparameter im Arbeitsbereich der "fliegenden Optik" nicht konstant (siehe Kap. 3.).

2.2   Beugung

2.2.1   Fresnel-Kirchhoffsches Integral und numerische Formulierung

Sobald ein Laserstrahl begrenzt wird, tritt Beugung auf. Als Beugung bezeichnet man nach [22] "jegliche Abweichung der Lichtstrahlen vom geradlinigen Ausbreitungsweg, welche nicht als Reflexion oder Brechung gedeutet werden kann". Die Beugung wirkt sich so aus, daß eine Blende keinen scharfen Schatten hat. Vielmehr gibt es einen "weichen" Übergang von dunkel nach hell und eine Variation der Intensität in der Mitte (Bild 2.5).

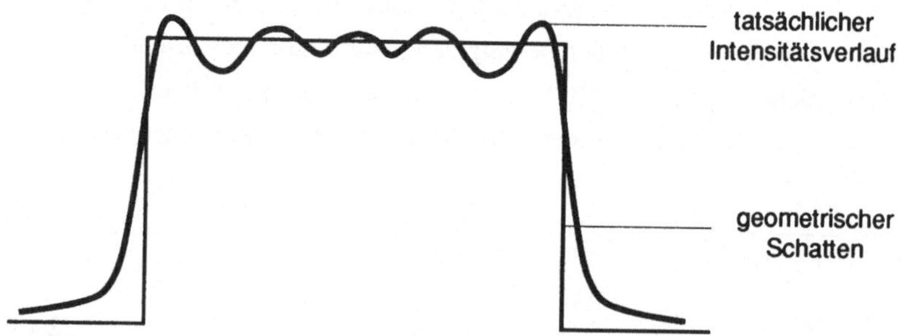

Bild 2.5:   Intensitätsverteilung hinter einer Blende (übertrieben dargestellt)

Beugung kann nur mit der Wellennatur des Lichts erklärt werden. Beugungsphänomene wurden erstmals von Leonardo da Vinci [9] erwähnt, blieben aber zunächst unverstanden, da die damals bekannte Teilchentheorie des Lichts die Beugung nicht erklären konnte. Huygens war der erste, der dem Licht eine Wellennatur zuschrieb. Das nach ihm benannte Prinzip ermöglicht es, die Propagation einer Wellenfront mit Hilfe einer geometrischen Konstruktion durchzuführen: Jeder Punkt einer Wellenfront kann als Ursprung einer Kugelwelle (Huygenssche Elementarwelle) betrachtet werden. Die Einhüllende aller Kugelwellen ist dann die propagierte Wellenfront. Mit dem Huygensschen Prinzip läßt sich die Beugung qualitativ erklären.

Fresnel griff die Theorie von Huygens auf, ergänzte sie und entwickelte eine mathematische Formulierung. Am Ende des letzten Jahrhunderts stellte Kirchhoff ausgehend von den Maxwellschen Gleichungen diese Theorie auf eine solide physikalische Grundlage. Das Ergebnis dieser Theorie ist das Fresnel-Kirchhoffsche Integral [9]:

$$E(B) = - \frac{j}{2\lambda} \iint_S E(O) \frac{e^{-jkl}}{l} (1+\cos\beta)\, dS \qquad . \qquad\qquad (2.21)$$

Dieses Flächenintegral beschreibt das elektrische Feld E an einem Punkt B hinter dem Schirm. In dem Integrand sind die Huygenschen Elementarwellen zu erkennen. Der Faktor $(1 + \cos\beta)$ bewirkt eine Propagation in Vorwärtsrichtung. Durch die Integration werden alle Elementarwellen, die von der Öffnung ausgehen, aufsummiert. Voraussetzung ist dabei, daß die Feldverteilung E(O) in der Öffnung S des Schirms bekannt ist. Dabei ist l die Entfernung von O und B, β der Winkel der Geraden OB zur optischen Achse (= z-Achse).

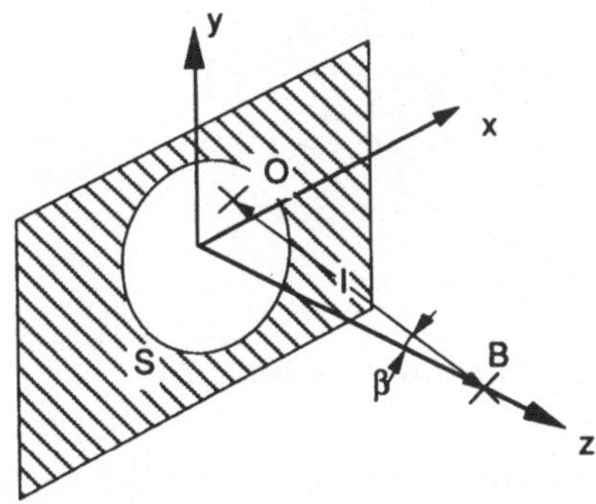

Bild 2.6:   Beugung an einer Apertur, die durch einen ebenen Schirm gebildet wird

Die Feldverteilungen E(O) und E(B) seien in der Form Amplitude-Phase gegeben:

$$E(O) = A(O)\, e^{\,j\Phi(O)} \qquad\qquad E(B) = A(B)\, e^{\,j\Phi(B)} \qquad . \qquad (2.22)$$

Das Integral (2.21) läßt sich nur für wenige Wellenfronten und einfache Formen der Öffnung S analytisch lösen. Für alle anderen Fälle ist nur eine numerische Behandlung möglich, weshalb eine Diskretisierung notwendig ist. Die Feldverteilung E(O) liegt in der Regel in zwei m × n - Matrizen vor, eine enthält die Amplitude A_{mn}, die andere die Phase Φ_{mn} an den Gitterpunkten. Das infinitesimale Flächenelement dS wird ersetzt durch das Rechteck, das von dem Abstand der Gitterpunkte in x- und y-Richtung in der Matrix gebildet wird:

$$\Delta S = u_x \cdot u_y \qquad . \qquad (2.23)$$

Das Integral ist dann eine Summation über alle Punkte der Originalmatrix. In dieser Matrix sind die Punkte außerhalb der Öffnung auf null gesetzt (Bild 2.7).

So erhält man das diskretisierte Fresnel-Kirchhoff-Integral, das direkt numerisch bearbeitet werden kann:

$$E(B) = -\frac{j\Delta S}{2\lambda} \sum_{\text{alle Punkte}} A_{mn} \frac{e^{\,j(\Phi_{mn}+kl)}}{l} (1 + \cos\beta) \qquad . \qquad (2.24)$$

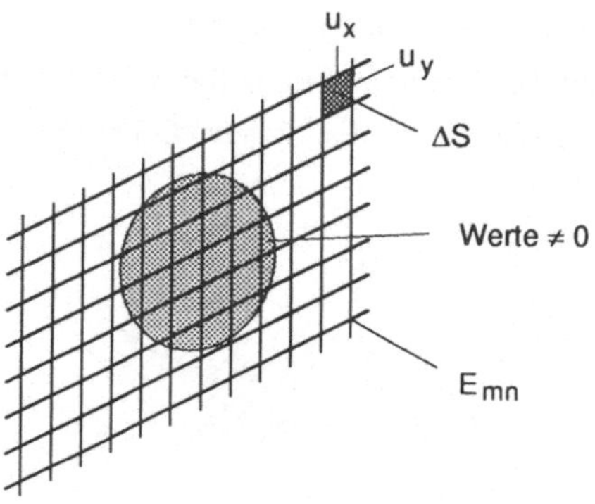

Bild 2.7:   Darstellung der Feldwerte in Matrizen

Die Implementierung ist numerisch recht einfach und das Verfahren ist universell anwendbar. Will man die Feldverteilung in einem bestimmten Abstand der Blende wissen, so legt man zwei Matrizen an, Amplitude und Phase, und berechnet die Summe (2.24) für jeden Punkt der Ergebnismatrix.

Damit wird deutlich, daß das Verfahren recht hohe Rechenzeiten beansprucht, da für jeden Ergebnispunkt E(B) die Doppelsumme (= Summe über alle Punkte) berechnet werden muß. Sei G die Anzahl der Gitterpunkte in einer Dimension, wobei Original- und Ergebnismatrix gleiche Auflösung haben sollen, so steigt der Rechenaufwand proportional zu G^4 an. Andere Verfahren wie z.B. die Propagation mittels schneller Fourier Transformation [6] haben einen wesentlich geringeren Rechenaufwand, sind jedoch in der Handhabung gerade bei fokussierten Strahlen komplizierter.

Um die Rechenzeit zu minimieren, ist eine möglichst geringe Anzahl von Gitterpunkten zu verwenden. Die untere Grenze ist dadurch gegeben, daß bei der Summation gemäß Gl. 2.24 die größte Phasendifferenz von einem Originalpunkt zum nächsten ($\Delta\Phi_{max}$) die folgende Ungleichung erfüllen muß [11]:

$$\Delta\Phi_{max} \leq \frac{2\pi}{10} \qquad . \qquad\qquad (2.25)$$

Um eine Bedingung für den Abstand der Originalpunkte zu berechnen, betrachtet man einen Bildpunkt auf der optischen Achse und zwei benachbarte Originalpunkte am Rand der Apertur einer ebenen Welle. Der Aperturradius sei mit b und das Maximum aus u_x und u_y mit u bezeichnet. Die Phasendifferenz $\Delta\Phi_{max}$ zwischen den beiden betrachteten Punkten ist dann:

$$\Delta\Phi_{max} = k\left(\sqrt{b^2+l^2} - \sqrt{(b-u)^2+l^2}\right) \qquad . \qquad\qquad (2.26)$$

Mit Gl. 2.25 und der Annahme, daß b und l größer als u sind, erhält man für u folgende Bedingung:

$$u \leq \frac{\lambda}{10} \frac{\sqrt{b^2+l^2}}{b} \qquad . \qquad\qquad (2.27)$$

Für einen gegebenen Propagationsabstand l und eine Apertur mit dem Radius s ist mit Gl. 2.26 die Auflösung u bestimmt. Damit ist die Anzahl der Gitterpunkte G durch Gl. 2.28 nach unten begrenzt:

$$G \geq \left(\frac{2b}{u}\right)^2 \qquad . \qquad\qquad (2.28)$$

So muß bei $\lambda = 10,6\mu m$ und b=l=1cm u kleiner als 10^{-4} cm sein. Das bedeutet, daß mehr als $4 \cdot 10^8$ Punkte in der Apertur liegen müssen, was die Grenzen der herkömmlichen Computerkapazitäten bzgl. Speicherplatz und Rechenaufwand sprengt.

2.2.2 Beugung am Gitter

Ein Gitter ist eine regelmäßige Anordnung von N gleichartigen Öffungen (Bild 2.8). Der
Abstand der Öffnungen sei a, die Größe s.

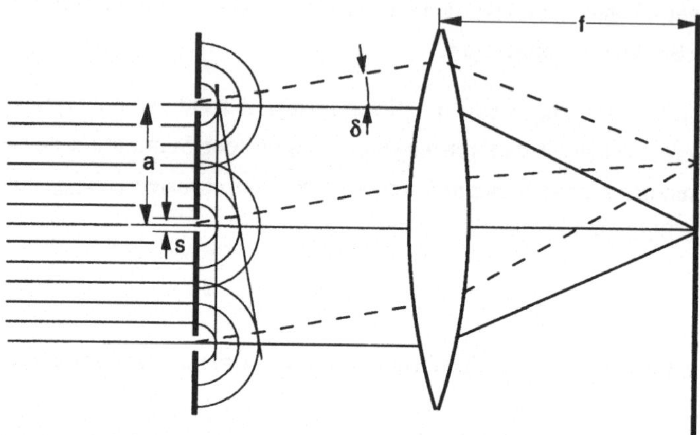

Bild 2.8:   Lineares Gitter

Das Gitter werde nun mit einer ebenen Welle bestrahlt und die austretenden Strahlenbündel mit einer Sammellinse fokussiert (Fernfeld). Auf dem Schirm, der in der Brennebene
aufgestellt ist, sieht man im Brennpunkt und in regelmäßigen Abständen nach oben und
unten Intensitätsmaxima. Dieses Beugungsphänomen kann mit dem Huygensschen Prinzip
so erklärt werden:

Von jeder Öffnung geht eine Kugelwelle bzw. ein radiales Bündel von Lichtstrahlen aus.
In jedem Punkt der Brennebene werden die Strahlen zusammengeführt, die unter demselben Winkel auf die Linse treffen. Nur diejenigen Strahlen, die eine Phasendifferenz mit einem ganzzahligen Vielfachen von 2π haben, interferieren positiv. So werden z.B. alle
Strahlen, die parallel zur optischen Achse aus den Öffnungen austreten, im Brennpunkt
hinter der Linse vereint. Die Phasendifferenz beträgt null, weshalb sich dort eine positive
Interferenz bzw. das nullte Hauptmaximum ergibt.

Die nächste positive Interferenz wird dann erreicht, falls die Welle aus der ersten Öffnung
die Phase 0, die aus der nächsten Öffnung die Phase 2π usw. haben (Bild 2.8). Die in der
Brennebene entstehende positive Interferenz wird erstes Hauptmaximum genannt. Die anderen Hauptmaxima entstehen ober- und unterhalb der optischen Achse in regelmäßigen

Abständen. In Bild 2.8 ist aus Gründen der Übersichtlichkeit nur eine positive Interferenz eingezeichnet.

Im Idealfall, unendliche Anzahl von Öffnungen und infinitesimal kleine Öffnungen, ist zwischen den Hauptmaxima keine Intensität vorhanden. Die Winkel δ_{max}, unter denen ein Maximum entsteht, ergeben sich durch geometrische Überlegung [9]:

$$\sin \delta_{max} = n \cdot \frac{\lambda}{a} \; ; \; n = 0, \pm 1, \pm 2... \qquad . \tag{2.29}$$

Mit n bezeichnet man die Ordnungen der Maxima. Die hier eingeführten Bedingung, nämlich die Betrachtung des Fernfelds, nennt man Fraunhofer-Näherung [9]. Dadurch vereinfacht sich das Integral (2.21) erheblich und das Problem läßt sich auch für reale Gitter mit endlicher Lochanzahl und Lochgröße geschlossen lösen. Für die Intensitätsverteilung hinter einem linearen Gitter, bestehend aus spaltförmigen Aperturen, ergibt sich der folgende Zusammenhang [9]:

$$I(\delta) = \frac{s\,I_0}{\lambda} \left[\frac{\sin\left(\frac{Nka\delta}{2}\right)}{\sin\left(\frac{ka\delta}{2}\right)} \right]^2 \left[\frac{\sin\left(\frac{ks\delta}{2}\right)}{\left(\frac{ks\delta}{2}\right)} \right]^2 \qquad . \tag{2.30}$$

Darin ist I_0 die auf das Gitter fallende Intensität. Die zwei in der Gleichung (2.30) auftretenden Faktoren haben folgende Bedeutung: Der Faktor in der ersten Klammer ist die "Gitterkurve". Sie erzeugt die Hauptmaxima bei den Winkeln nach Gl. 2.29. Wird der Abstand der Spalte a kleiner, so wandern die Maxima weiter auseinander. Zwischen diesen Hauptmaxima liegen noch kleine Nebenmaxima. Nimmt die Anzahl der Spalte N zu, so werden die Hauptmaxima immer schärfer und die Anzahl der Nebenmaxima nimmt ab.

Der Faktor in der zweiten Klammer ist die "Hüllkurve", die der Beugung am Einzelspalt entspricht. Sie wird bestimmt durch die Spaltbreite und hat ihre Minima bei

$$\delta_{min} = m \cdot \frac{\lambda}{s} \; ; \; m = \pm 1, \pm 2... \qquad . \tag{2.31}$$

Verringert man die Spaltbreite, so wird die Hüllkurve breiter. Dadurch nimmt die Intensität der Hauptmaxima höherer Ordnung zu. Gitterkurve, Hüllkurve und das Produkt beider Kurven sind in Bild 2.9 dargestellt.

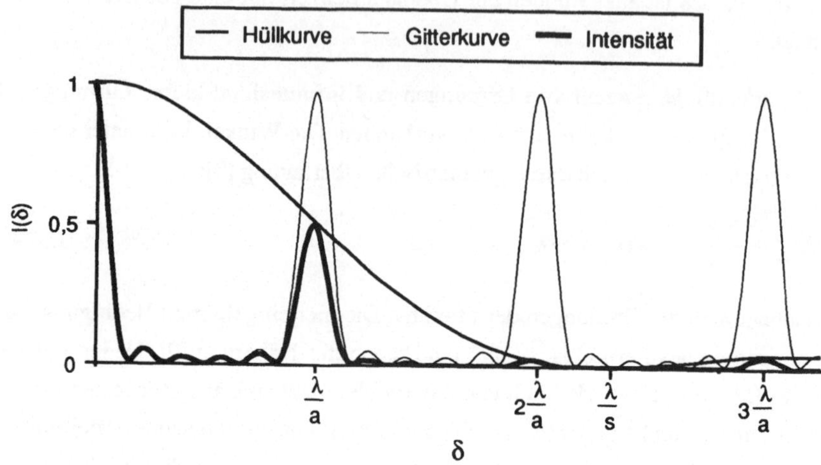

Bild 2.9: *Intensitätsverteilung $I(\delta)$ in Abhängigkeit des Winkels δ nach einem Gitter mit endlich vielen Löchern*

3 Theoretische Untersuchungen

Ziel dieses Kapitels ist es, die Auswirkungen von Aperturen im Strahlengang auf die Fokussierungsqualität zu klären. Grundlage ist dabei das numerische Verfahren zur Berechnung des Fresnel-Kirchhoff-Integrals. Die Berechnungen werden mit den beiden Moden TEM_{00} und TEM_{01^*}, die sehr häufig bei Hochleistungslasern vorkommen, durchgeführt.

3.1 Beschreibung des berechneten Strahlengangs

Den Berechnungen wurde ein möglicher Strahlengang eines Strahlführungssystems mit großer Entfernung des Hochleistungslasers zur Bearbeitungsstation zugrunde gelegt. Der Startpunkt der Berechnungen ist die Taille eines Laserstrahls mit dem Radius 1,2cm. Dies ist ein gängiger Wert bei vielen Lasern höherer Leistung ($P \geq 3$ kW). Direkt am Startpunkt wird der Strahl zunächst von einer Blende mit dem Radius b begrenzt und danach mit einer Linse der Brennweite f=1800cm fokussiert (Bild 3.1).

Der resultierende Strahl entspricht einem handelsüblichen Hochleistungslaser, der mit einem Teleskop so aufgeweitet wird, daß bei heute realisierbaren Aperturdurchmessern von 80-100mm eine Propagationsentfernung von 30m erzielt werden könnte. Die Blende stellt eine Begrenzung dar, die sich am Anfang des Strahlengangs befindet. Falls die Begrenzungen in einem realen Strahlengang weiter von dem Startpunkt entfernt liegen, so ergeben sich zwar quantitative, aber keine qualitativen Unterschiede zu den vorliegenden Berechnungen.

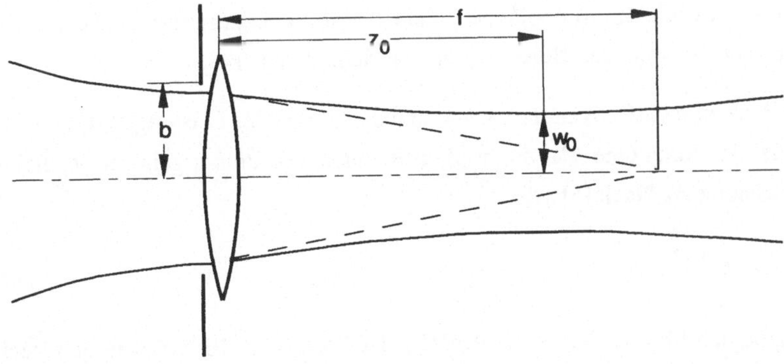

Bild 3.1:   Übersicht des berechneten Strahlengangs

In dem exemplarischen Strahlengang wird im Abstand z_0=1528cm eine Taille gebildet (Gl. 2.12), die nicht mit der Brennweite zusammen fällt, sondern innerhalb der Brennweite liegt (siehe Kap. 2.1.3). Die Strahltaille w_0 hinter der Linse hat gemäß den Gleichungen 2.11 und 2.12 den Wert 0,47cm. Die Rayleighlänge z_R beträgt 645cm (Gl. 2.6).

Da die berechneten Moden eine Rotationssymmetrie haben und auch die Strahlführungssysteme zum größten Teil rotationssysmmetrisch sind, wird eine runde Blende angenommen. Deshalb wird die Größe der Blende als Radius und nicht in Höhe und Breite angegeben. Die Wahl der Blendenradien b entspricht der Einteilung von [6].

Charakteristisch für die Beugungseffekte ist nicht der absolute Blendenradius, sondern das Blendenverhältnis η:

$$\eta = \frac{b}{w} \qquad . \tag{3.1}$$

Die berechneten Fälle sind mit kleinen römischen Zahlen von i bis iv durchnummeriert. Folgende Werte von η gingen in die Berechnung ein:

Fall	η	Aperturradius
i	∞	3,60cm
ii	2,3	2,76cm
iii	$\pi/2$	1,88cm
iv	1	1,20cm

Tabelle 3.1:   Blendenradien relativ und absolut zum Strahlradius

Die Wellenfront wird in einer Matrix gespeichert, die senkrecht zur optischen Achse ein quadratisches Feld mit der Seitenlänge 7,2cm (=Radius 3,6cm) abdeckt. Damit ist der theoretische Wert $\eta=\infty$ bei den Berechnungen tatsächlich nur $\eta=3$.

Um diesen Wert zu rechtfertigen, betrachte man den Anteil der Leistung $P(\eta)$ eines Gaußschen Strahls, der durch eine Blende mit dem Blendenverhältnis η geht, im Verhältnis zu der Gesamtleistung P_0. Nach [6] gilt:

$$\frac{P(\eta)}{P_0} = 1 - e^{-2\,\eta^2} \qquad . \tag{3.2}$$

Für $\eta=3$ ergibt sich für das Verhältnis $P(\eta)/P_0$ der Wert $1-1{,}5\cdot10^{-8}$. Der in den Rechnungen vernachläßigte Teil von $1{,}5\cdot10^{-8}$ ist damit so klein, daß er keine Beugungseffekte mehr verursacht [23].

Um eine vertretbare Rechenzeit zu erhalten, wurde zur Speicherung eine Matrix mit 64 x 64 Punkten gewählt. Die Apertur wird durch die Blende oder im Falle des unbegrenzten Gaußschen Strahls durch den Strahlradius w festgelegt. Mit der Anzahl der Punkte und der abgedeckten Fläche ergibt sich der Abstand der Punkte in der Matrix zu 0,1161cm. Nimmt man als Wert für die Apertur den Strahlradius an, so läßt sich durch Umstellen der Gl. 2.27 und 2.28 die Mindestentfernung l_{min}=1250cm errechnen. In Vergleichsrechnungen mit dem unbegrenzten Gaußschen Strahl hat sich gezeigt, daß die Ergebnisse schon ab einer Entfernung von 500cm verwertbar sind. Das liegt wohl daran, daß die Gl. 2.25 eine sehr sichere Abschätzung ist und eventuell für Gaußsche Strahlen zu streng ist.

3.2 Propagationsprogramm

Die Hauptaufgabe des Programms ist es, Strahlquerschnitte zu propagieren. In dem Programm sind darüberhinaus weitere Funktionen integriert, die einen Gaußschen Strahl erzeugen, die Strahldaten von einer Datei lesen oder schreiben oder eine ideale Linse simulieren. Das Programm, dessen Ausdruck und Erläuterungen als Anhang 8.2 beigefügt sind, ist in FORTRAN geschrieben und hat folgende Struktur (Bild 3.2):

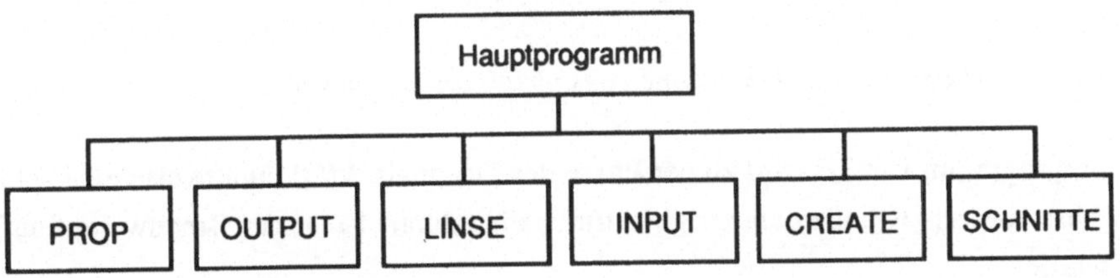

Bild 3.2:   Programmstruktur

Das Hauptprogramm reserviert den Speicherplatz für die Variablen, interpretiert die eingegebenen Befehle und liest die notwendigen Variablen ein. Das Programm ist so ausgelegt, daß es sowohl im Dialog, als auch im Stapelbetrieb bedient werden kann.

Das Unterprogramm PROP führt eine Propagation mit dem Verfahren des diskretisierten Fresnel-Kirchhoff-Integrals (siehe Kap. 2.2.1) durch. Die Wellenfront des Originals wird in zwei Matrizen, die die Intensität und die Phase enthalten, übergeben. Das Ergebnis, im folgenden Bild genannt, wird in den gleichen Matrizen gespeichert Die Dimensionen und die Einheiten des Originals und des Ergebnisses können verschieden sein (Bild 3.3).

Um Rechenzeit zu sparen, kann z.B. nur ein Punkt oder eine Linie des Bildes berechnet werden, was bei einem zentralsymmetrischen Original ausreicht, da das Bild auch wieder zentralsymmetrisch ist. Durch die Veränderung der Punktabstände kann bei einem konvergenten oder divergenten Strahlgang die Auflösung konstant gehalten werden.

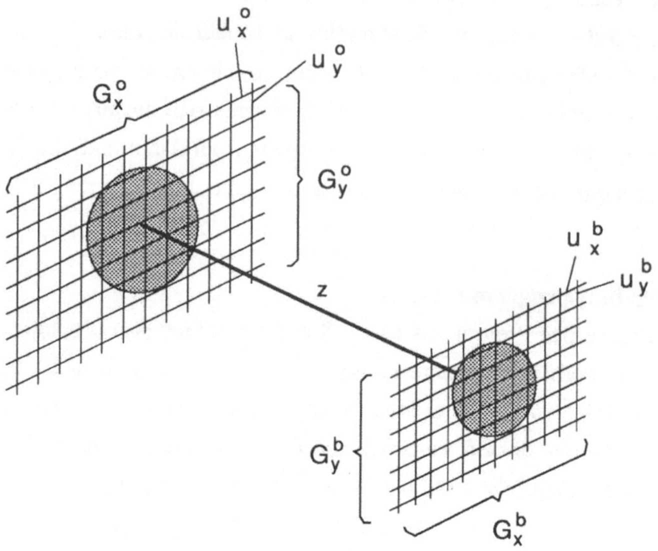

Bild 3.3:   Matrizen und Dimensionen des Originals und des Bildes

Im Unterprogramm LINSE wird zu der Phase des Originals $\Phi(O)$ punktweise eine sphärische Phase addiert [10], die dem Original durch eine dünne Linse der Brennweite f aufgeprägt würde:

$$\Phi(B) = \Phi(O) - \frac{k}{2 \cdot f} \cdot (x^2 + y^2) \qquad .$$ (3.3)

Die Intensität bleibt unverändert.

In den Unterprogrammen INPUT und OUTPUT werden die Daten in einem festen Format von einer Datei gelesen und geschrieben. Mit CREATE erzeugt man einen Laserstrahl mit Hermite-Gauß-Moden bis zur Ordnung drei. Der Krümmungsradius ist frei wählbar.

Für die folgenden Berechnungen wurden Schnitte des Strahls in verschiedenen Abständen vom Original gemacht. Das Unterprogramm SCHNITTE führt diesen Vorgang mit einem Aufruf aus und normiert dabei auch ggf. mit einem Gaußstrahl der nullten Ordnung.

3.3 Darstellungsart

Ziel der Berechnungen ist es, die Veränderungen eines abgeblendeten Strahls gegenüber einem ungestörten Gaußschen Strahl zu erkennen. Dazu sind die zur Darstellung der Resultate verwendeten Pseudo-3D- und die 2D-Darstellungen in zweifacher Weise normiert.

Zum einen sind die Koordinaten quer zur optischen Achse (also x und y) an jedem Ort z auf der optischen Achse mit dem Gaußschen Strahlradius $w_{TEM_{00}}(z)$ normiert:

$$x_{norm}(z) = \frac{x}{w_{TEM_{00}}(z)} \qquad \cdot \qquad (3.4)$$

Zum anderen wird die Intensität des dargestellten Strahls I(x,y,z) mit der Intensität des Gaußschen Strahls $I_{TEM_{00}}(r{=}0,z)$ auf der Achse normiert.

$$I_{norm}(x,y,z) = \frac{I(x,y,z)}{I_{TEM_{00}}(r{=}0,z)} \qquad \cdot \qquad (3.5)$$

In den Pseudo-3D-Darstellungen sind Schnitte quer zur Ausbreitungsrichtung gezeigt. Die Achse, die aus der Zeichenebene heraus verläuft, ist die Propagationsrichtung. Die Achse, die in die Zeichenebene eintaucht, ist die x-Achse. Auf der Höhenachse ist die Intensität aufgetragen. Dadurch ist die Veränderung des Strahlquerschnitts auf dem gesamten Weg zu sehen. Da die betrachteten Moden rotationssymmetrisch sind, zeigt diese Darstellung die ganze verfügbare Information. In den 2D-Darstellungen ist die normierte Intensität auf der optischen Achse gegenüber z aufgetragen. Ein ungestörter Gaußscher Strahl sieht mit der gewählten Darstellungsart folgendermaßen aus* (Bild 3.4):

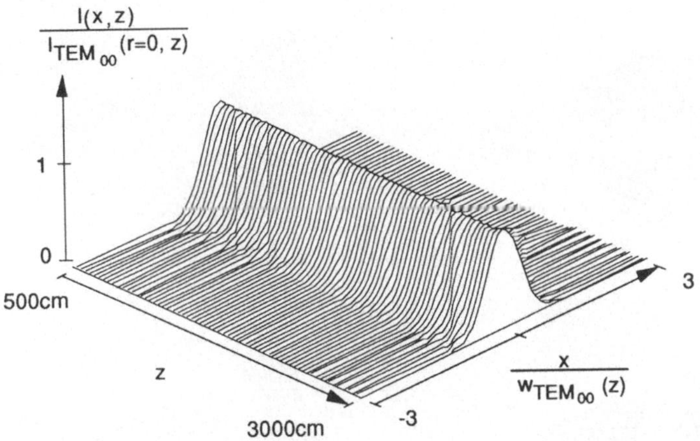

Bild 3.4:   Ungestörter Gaußscher Strahl in der gewählten Normierung

---

* Die Strukturen an den Schultern der Pseudo-3D-Darstellungen sind Artifakte, die durch die Übertragung in das Textverarbeitungsprogramm entstanden sind. Die 2D-Darstellungen dagegen zeigen das rechnerische Ergebnis unverfälscht.

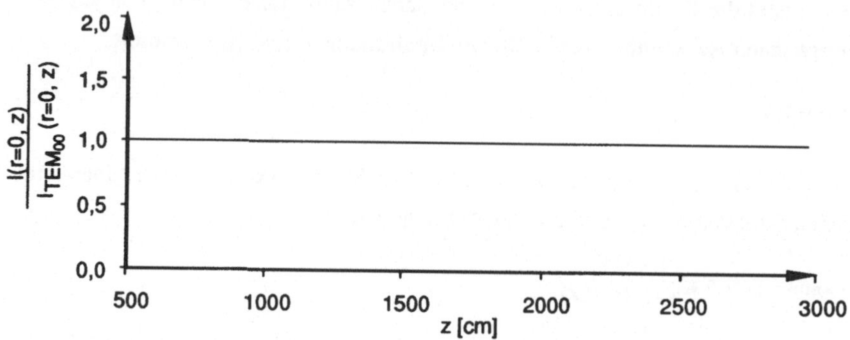

Bild 3.4a: Ungestörter Gaußscher Strahl in der gewählten Normierung

3.4   Ergebnisse der Berechnungen

Im Bild 3.5 sind die Schnitte in der Pseudo-3D-Darstellung des TEM_{00}-Modes zu sehen.
Im Bild 3.6 ist die normierte Intensität auf der optischen Achse für die vier Fälle aufgetragen.

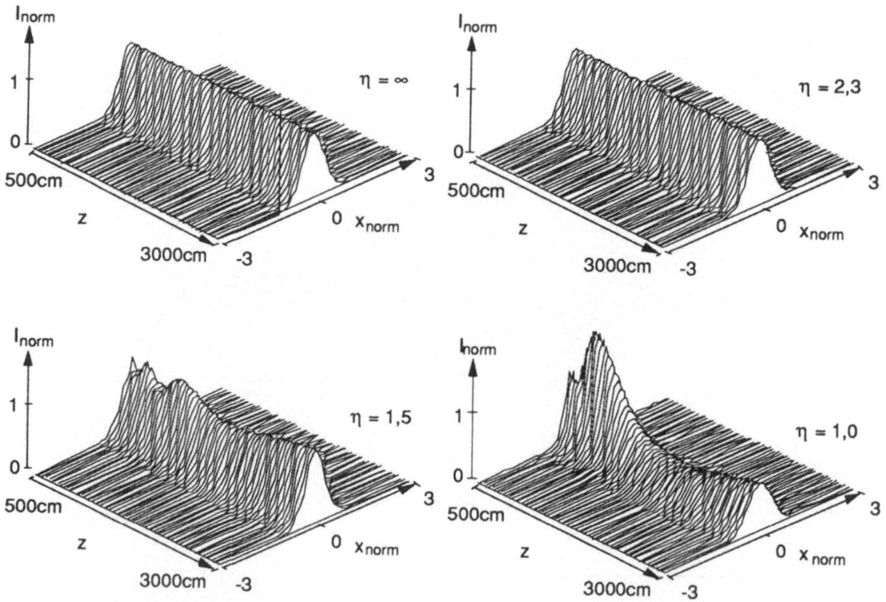

Bild 3.5:   Ausbreitung eines Laserstrahls in der TEM_{00}-Mode, unbegrenzt und abgeblendet

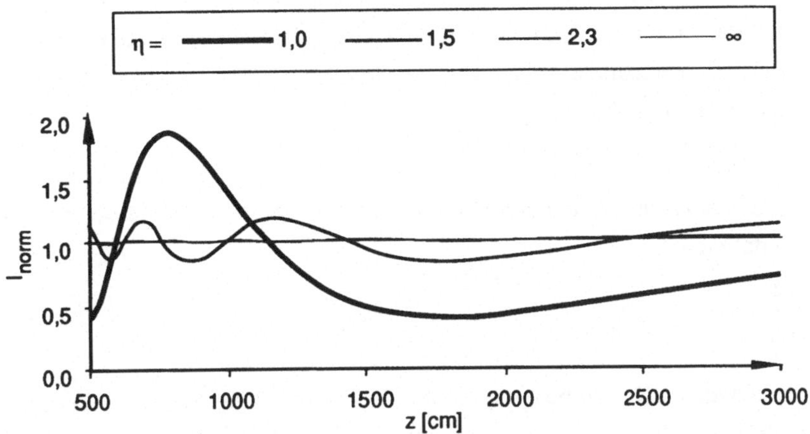

Bild 3.6: *Ausbreitung eines Laserstrahls in der TEM$_{00}$-Mode unbegrenzt und abgeblendet, normierte Intensität auf der Achse*

Der Strahl zeigt keine Abweichung vom ungestörten Gaußstrahl bei $\eta=\infty$. Wird der Strahl etwas abgeblendet, $\eta=2{,}3$, schwankt die Intensität auf der Achse etwa 1%. Bei einer starken Abblendung ($\eta=1{,}5$) beträgt die Schwankung 17% und 86% bei einer sehr starken Abblendung ($\eta=1$). Diese Zahlen stimmen im Rahmen der Rechengenauigkeit mit den Angaben von [6] überein.

η	z	I	η	z	I	η	z	I
2,3	433	0,99	1,5	500	0,85	1,0	717	1,86
	483	1,01		633	1,17		1750	0,47
	533	0,99		800	0,85			
	583	1,01		1117	1,17			
	650	0,99		1750	0,85			
	733	1,01						
	833	0,99						
	967	1,01						
	1133	0,99						
	1367	1,01						
	1767	0,99						
	2383	1,01						

Tabelle 3.2: *Extrema der Intensitäten eines abgeblendeten Strahls in der TEM$_{00}$-Mode*

In der Tabelle 3.2 sind die Maxima und Minima der Intensität auf der Achse aufgelistet. Man sieht, daß die Anzahl der Extrema zunimmt, je weniger der Strahl abgeblendet ist. Umgekehrt tritt bei einer starken Abblendung des Strahls eine langsame und starke Veränderung der Intensität im Strahlengang auf.

Eine wichtige Größe bei der Betrachtung von Beugungsphänomenen ist die Fresnelzahl. Sei b der Blendenradius und z die Entfernung von der Blende, so ist die Fresnelzahl N folgendermaßen definiert:

$$N = \frac{b^2}{\lambda \cdot z} \quad . \tag{3.6}$$

Die Fresnelzahl ändert sich also reziprok mit der Entfernung. Trägt man die normierte Intensität über der Fresnelzahl auf, so ist eine Systematik zu erkennen: Nahe bei den geradzahligen Fresnelzahlen treten die Minima auf, bei ungeradzahligen sind es Maxima; lediglich bei der starken Abschattung ($\eta=1,0$) sind die Extrema stark verschoben (Bild 3.7).

Mit dieser Systematik läßt sich die Lage der Intensitätsextrema auf der Achse bei bekanntem Blendenradius voraussagen. Um den Hub der Intensitätsschwankungen zu ermitteln, muß allerdings in einem genügend großen Bereich eine Testrechnung durchgeführt werden. Genügend groß heißt, daß die Differenz der Fresnelzahl am Anfang und am Ende des Bereichs mindestens zwei betragen muß.

Da die meisten Materialbearbeitungslaser höherer Leistungsklasse selten in der TEM_{00}-sondern häufiger in der TEM_{01^*}-Mode arbeiten [18,19], ist besonders die Ausbreitung dieser Mode von Interesse. Da der Donut-Mode ein Wechsel zwischen den Moden TEM_{01} und TEM_{10} ist, muß die Ausbreitung beider Moden berechnet werden. Das Ergebnis erhält man durch inkohärente Addition, d.h. Addition der Intensitäten und Division durch zwei.

$$I_{TEM_{01^*}} = \frac{I_{TEM_{10}} + I_{TEM_{01}}}{2} \propto \frac{\left|E_{TEM_{10}}\right|^2 + \left|E_{TEM_{01}}\right|^2}{2} \quad . \tag{3.7}$$

Der Faktor 2 im Nenner kommt von der zeitlichen Mittelung, da der Laserstrahl im Mittel nur die Hälfte der Zeit in einer Mode ist .

Die vorliegenden Rechnungen gehen von einer TEM_{01^*}-Mode aus mit denselben Strahlparametern wie für die TEM_{00}-Mode (Bild 3.8).

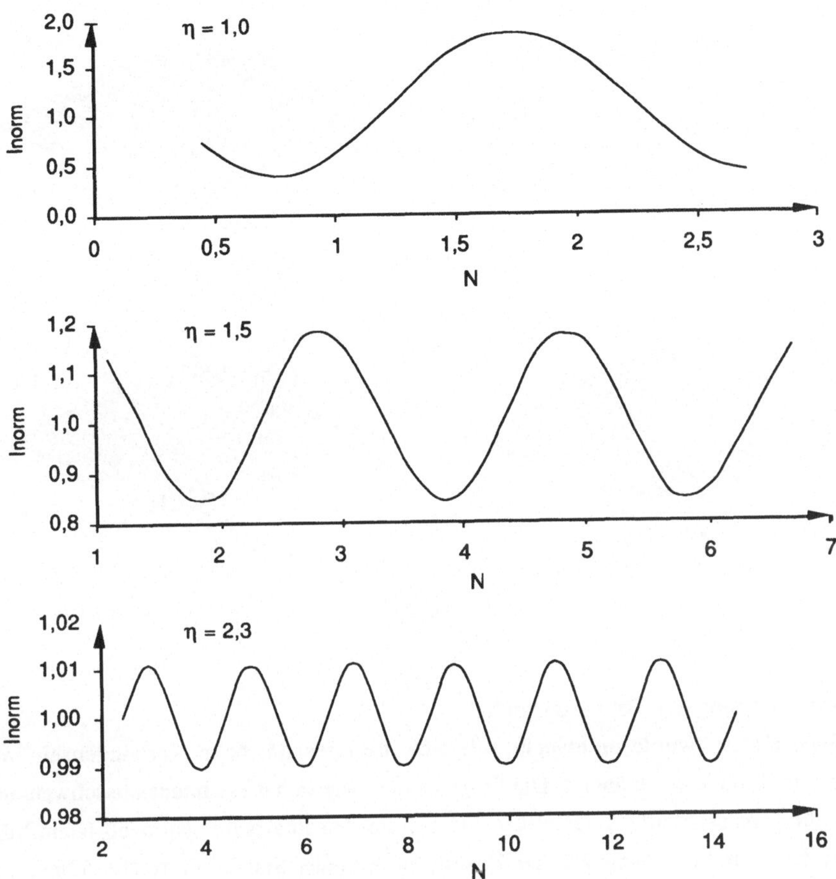

Bild 3.7: *Normierte Intensität eines abgeblendeten Laserstrahls in der TEM$_{00}$-Mode über der Fresnel-Zahl aufgetragen*

Die Darstellung der Intensität auf der Achse ist nicht sinnvoll, da die Intensität identisch null ist. Wie bei der TEM$_{00}$-Mode sind die Intensitätsschwankungen umso größer, je kleiner die Blende ist. Gleichzeitig wird der Strahl an den Stellen niederer Intensität deutlich breiter. Diese Verbreiterung ist in der TEM$_{01*}$-Mode noch stärker zu sehen als in der TEM$_{00}$-Mode. Das liegt auch daran, daß die TEM$_{01*}$-Mode schon an der Startposition des Strahlengangs breiter ist und dadurch relativ mehr als die TEM$_{00}$-Mode von der Blende abgeschattet wird (siehe Kap. 2.1.2).

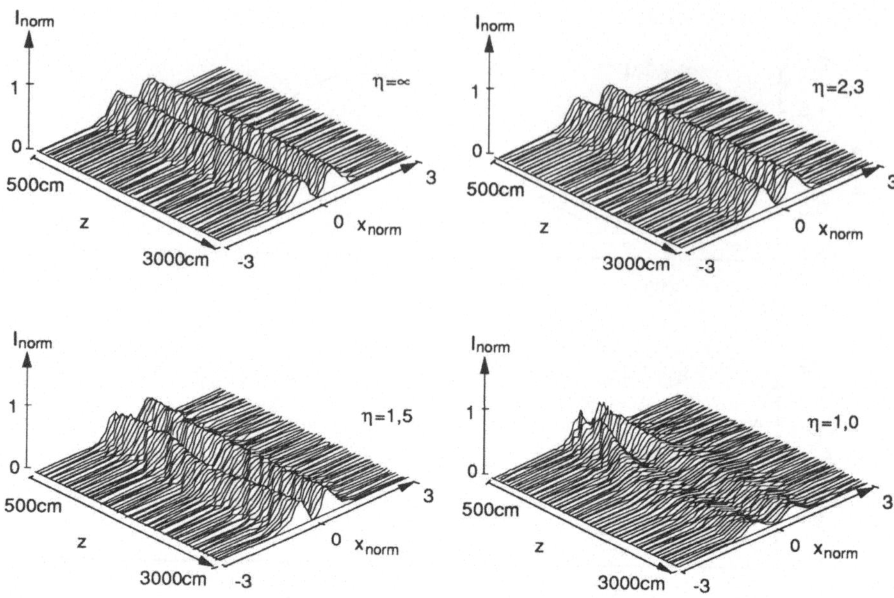

Bild 3.8: *Ausbreitung eines Laserstrahls in der TEM$_{01}$*-Mode, unbegrenzt und abgeblendet*

3.5 Untersuchung der Fokussierbarkeit

Im vorigen Kapitel wurde untersucht, wie sich die Intensität beim Vorhandensein von Aperturen im Strahlengang ändert. Die Frage ist nun, wie sich diese Intensitätsschwankungen auf die Fokussierbarkeit auswirken, da nur sie den Bearbeitungsprozeß beeinflußt. Dazu wird der Strahl an ausgewählten Positionen mit einer Standardlinse (f=150mm) fokussiert. Der Strahlengang wird dadurch in zwei Abschnitte unterteilt: Den Freistrahl und den Fokusstrahlengang (Bild 3.9).

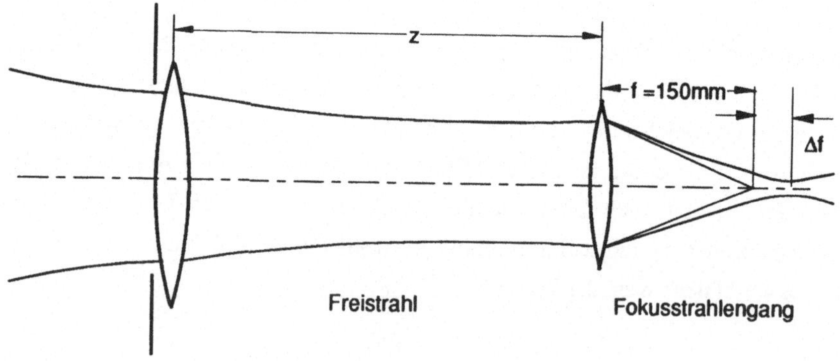

Bild 3.9: *Anordnung der Fokussieroptik im Strahlengang*

Wie in Kapitel 2.1.3 erläutert wurde, hängt die Lage und die Größe der Strahltaille im Fokusstrahlengang von der Position z ab, an der die Fokussierlinse im Freistrahl steht. Für einen ungestörten Gaußschen Strahl haben die Größen w_f und Δf bei den gewählten Parametern folgende Abhändigkeit von z (nach Gl. 2.17 und 2.18):

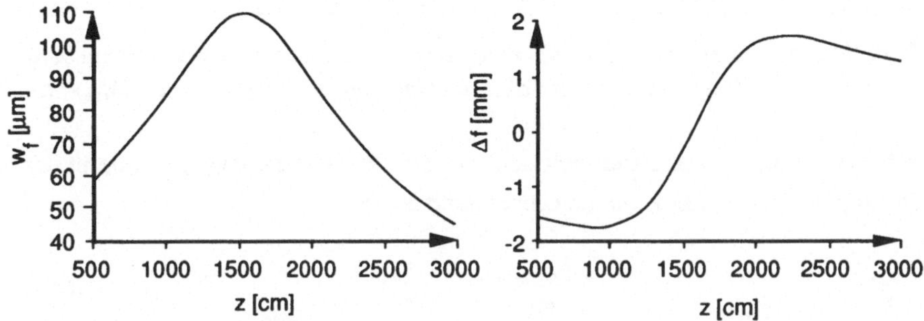

Bild 3.10:   Strahltaille w_f hinter der Fokussierlinse und Entfernung der Strahltaille von der Brennweite Δf als Funktion des Abstandes der Fokussieroptik ($f=150mm$) von der Blende

Besonders interessant sind genau die Positionen, an denen die Intensität im Freistrahl maximal oder minimal ist. Aus der Tabelle 3.2 wurden für den Ort d der Fokussierlinse (Bild 3.10) die Werte entsprechend der Tabelle 3.3 ausgewählt.

η	z	z
2,3	833	2383
1,5	800	1750
1	1750	

Tabelle 3.3:   Positionen, an denen die Fokussierbarkeit untersucht wurde

Um den abgeblendeten Strahl wieder mit der ungestörten TEM_{00}-Mode zu vergleichen, wird das Ergebnis entsprechend den Gln. 3.4 und 3.5 normiert. Gleichzeitig wird angenommen, daß die Fokussierlinse keine begrenzende Apertur darstellt. Zu beachten ist, daß für jede Position gemäß Tab. 3.3 die Strahltaille im Fokusstrahlengang w_f und die Verschiebung der Strahltaille gegenüber der Brennweite Δf der ungestörten TEM_{00}-Mode zu berechnen ist, da w_f und Δf von der Stellung d der Fokussieroptik abhängen. In Tab. 3.4 sind für die ausgewählten Positionen d diese Werte und zusätzlich die Rayleighlänge z_{R_f} angegeben.

z	w_f [μm]	Δf [mm]	z_{R_f} [mm]
800	71,1	-1,73	1,50
833	72,9	-1,74	1,58
1750	103,3	1,02	3,16
2383	66,1	1,69	1,29

Tabelle 3.4:   Strahltaille, Entfernung der Strahltaille von der Brennebene und Rayleighlänge im Fokusstrahlengang der ungestörten TEM$_{00}$-Mode

Der Abstand von der Fokussieroptik heiße z_f. Der Fokusstrahlengang wurde in dem Bereich 146,9mm $\leq z_f \leq$ 153,2 mm berechnet (Bild 3.11):

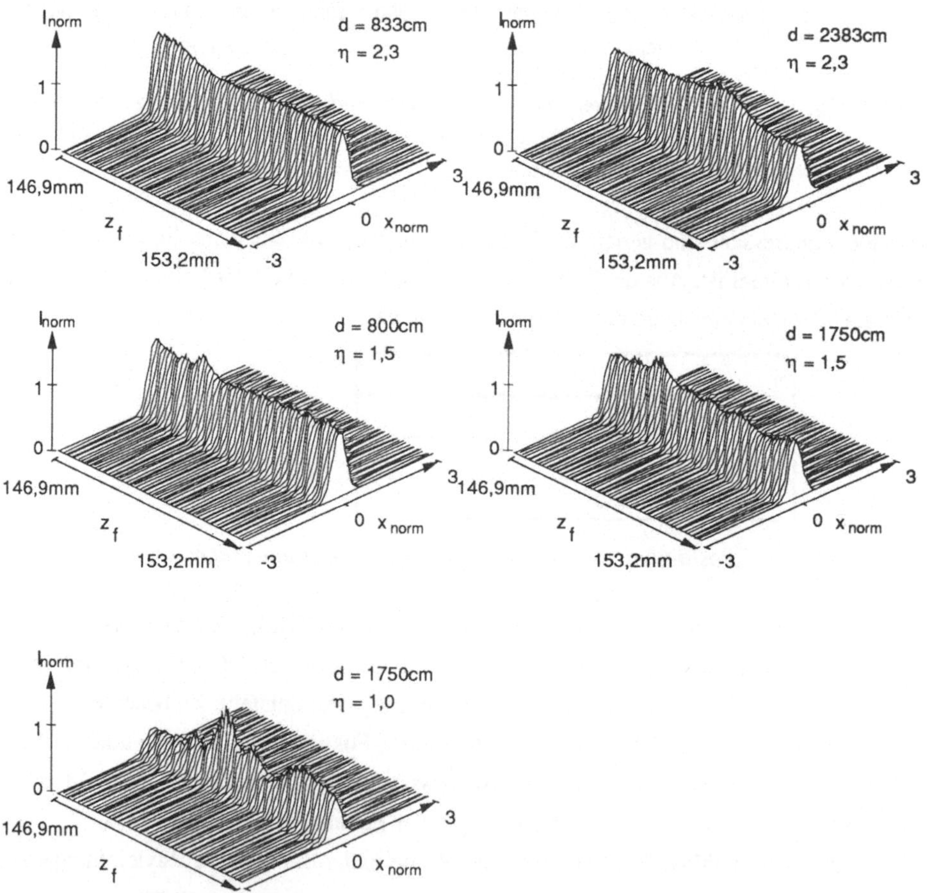

Bild 3.11: Ausbreitung verschiedener abgeblendeter Laserstrahlen in der TEM$_{00}$-Mode im Fokusstrahlengang

Allen Berechnungen ist gemein, daß die Intensitätsschwankungen relativ zum ungestörten Strahl wesentlich größer sind, als im Freistrahl. Im Bild 3.12, in dem die Intensität auf der Achse über z_f aufgetragen wurde, sind diese Schwankungen deutlich zu sehen.

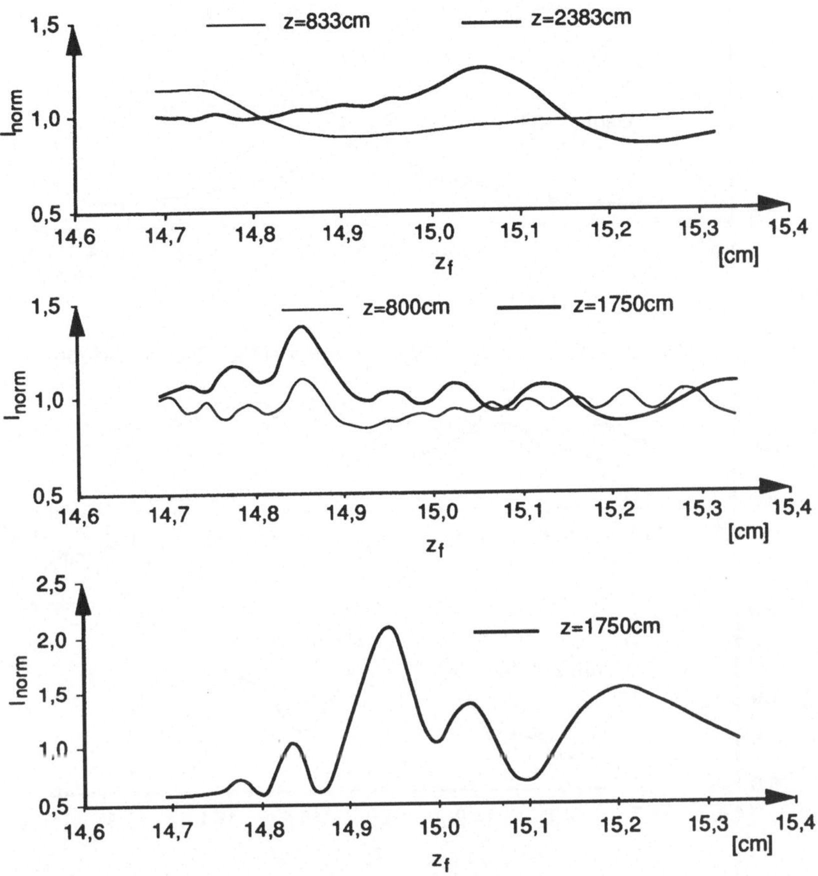

Bild 3.12: Schwankungen der relativen Intensität auf der Achse (oben η=2,3; mitte η=1,5; unten η=1,0)

Die relativen Schwankungen für η=2,3 liegen bei 35%, für η=1,5 bei 55% und für η=1,0 bei 150%. Neben diesen relativen Schwankungen ist aber auch interessant, wie der tatsächliche Intensitätsverlauf im Fokusstrahlengang im Vergleich zum ungestörten Strahl ist. Dazu ist im Bild 3.13 der Intensitätsverlauf des ungestörten Gaußschen Strahls zusammen mit dem abgeblendeten Strahl (gekennzeichnet mit "Gauß" bzw. "Blende") über der Entfernung von der Fokussieroptik z_f aufgetragen. Mit der Maximalintensität des ungestörten Strahls sind beide Strahlen normiert, so daß für den ungestörten Strahl der Wert 1 auf der Ordinate das Maximum darstellt.

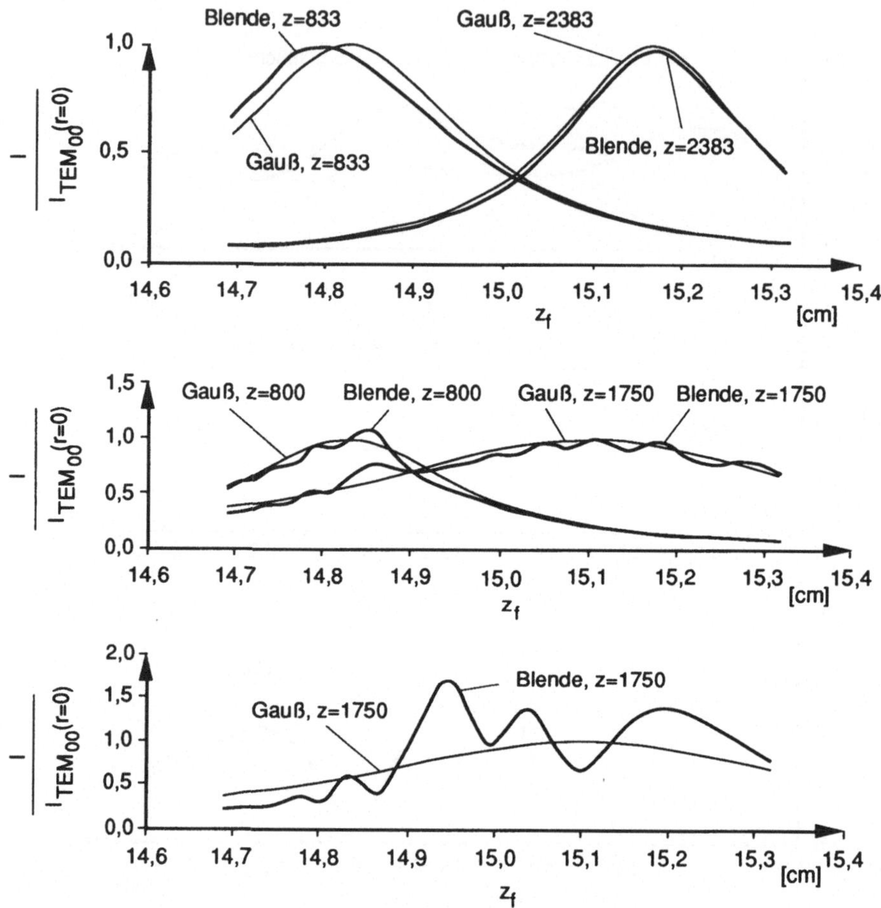

Bild 3.13: Vergleich ungestörter Strahl zu abgeblendetem Strahl (oben $\eta=2,3$; mitte $\eta=1,5$; unten $\eta=1,0$)

Für den nur leicht abgeblendeten Strahl ($\eta=2,3$) verschiebt sich die Strahltaille, falls die Fokussieroptik im Abstand z=833cm von der Blende steht. Steht die Fokussieroptik weiter weg (z=2382cm), so bleibt lediglich die Intensität etwas unter der des ungestörten Strahls. In beiden Fällen ist die absolute Intensität kleiner als im ungestörten Fall.

Der stärker abgeblendete Strahl ($\eta=1,5$) zeigt größere Schwankungen. Im Fall z=800 cm ist die Maximalintensität sogar 10% über dem Wert des ungestörten Strahls. Für den Strahl

$\eta=1,0$ ist die Schwankung noch größer. Sowohl die Höhe (Abweichung +75%) als auch der Ort der Maximalintensität sind deutlich verschieden von den Werten des ungestörten Strahls.

In der Donut-Mode sind die Ergebnisse analog. Im Bild 3.14 sind die Ergebnisse wiedergegeben. Gegenüber der TEM_{00}-Mode fällt die Schulter im stark abgeblendeten Fall auf.

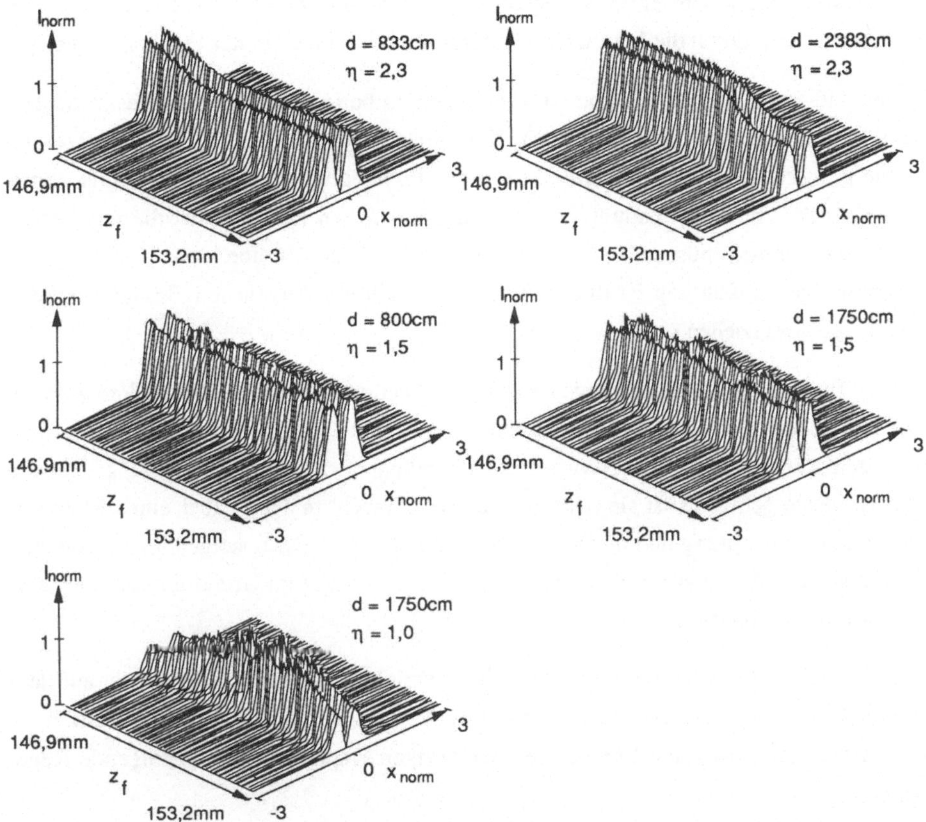

Bild 3.14: Ausbreitung verschiedener abgeblendeter Laserstrahlen der Donut-Mode im Fokusstrahlengang

In durchgeführten Messungen [17] wurden Intensitätsschwankungen festgestellt, die zumindest qualitativ mit den hier vorgestellten Resultaten vergleichbar sind. Ein genauer quantitativer Vergleich ist jedoch nicht möglich, da bei den hier durchgeführten Berechnungen von anderen Anfangsbedingungen bzgl. Strahlradius, Blende, Linse, etc. ausgegangen wurde, als sie bei den Messungen vorlagen.

3.6 Auslegung von Strahlführungssystemen

Das Ziel bei der Konzeption eines Strahlführungssystems ist es, mit möglichst wenig optischen Elementen das Maximum an Leistung von der Laserquelle zu dem Werkstück zu bringen. Als veränderliche Parameter stehen dabei die freie Apertur und die Wahl des Strahlverlaufs (konvergent, divergent) zur Verfügung. Der Strahlverlauf kann durch ein geeignetes Auskoppelfenster im Resonator oder durch ein Teleskop variiert werden. Die freie Apertur wird durch die Maschine und durch den Durchmesser der Optiken festgelegt.

Hierbei sind zwei unterschiedliche Anwendungen zu betrachten. Bei einer feststehenden Strahlführung (z.B. Schneidlaser mit XY-Koordinatentisch) werden die Kostensteigerung für eine größere Apertur im wesentlichen durch die höheren Kosten für die Optik verursacht. Bei der Schneidanwendung kommen fast nur Linsen zum Einsatz, die regelmäßig ausgetauscht werden müssen. Eine große Linse kostet mehr als eine kleine und aufgrund der schwierigeren Kühlung ist die große Linse anfälliger. Aus diesen Gründen ist eine kleine Linse vorzuziehen.

Bei der "fliegenden Optik" hingegen werden die Hauptkosten für eine größere Apertur durch den höheren Aufwand für die Maschine verursacht. Die Fokussieroptik sitzt z.B. an der letzten Achse eines 5-Achs-Portals mit innenliegender Strahlführung. Je größer die Optik ist, desto schwerer ist sie. Das zusätzliche Gewicht bedeutet aber einen Mehraufwand an Antriebsleistung und mechanischer Stabilität. Die Kosten steigen im allgemeinen sehr viel stärker als linear mit dem Durchmesser an. Aus diesem Grund ist auch hier eine möglichst kleine Apertur zu wählen.

Um ein gleichmäßiges Bearbeitungsergebnis zu erzielen, darf sich die Intensität auf dem Werkstück bei der Variation des Abstands des Werkstücks von der Fokussieroptik nicht sprunghaft ändern. Aus den Ergebnissen der vorigen Kapiteln läßt sich folgende Regel ableiten:

Wie im Bild 3.13 erkenntlich ist, tritt eine solche Intensitätsvariation bei einem Blendenverhältnis von 1,5 oder kleiner auf. Dagegen kann eine leichte Verschiebung der maximalen Intensität wie bei $\eta=2,3$ hingenommen werden. Die freie Apertur r_{min} muß also an jedem Ort im Strahlengang von der Laserquelle bis zur Fokussieroptik die folgende Bedingung erfüllen:

$$r_{min}(z) = 2,3 \cdot w(z) \tag{3.8}$$

Da der Strahlradius $w(z)$ nicht für alle z im Strahlengang gleich groß ist (siehe Kap. 2.1.2), sollte der Durchmesser der Strahlführung dem Strahlengang angepaßt werden. In einer Anlage mit fester Strahlweglänge, wie z.B. an einen XY-Tisch mit fester Optik, kann der Strahl am Laserausgang durch ein entsprechendes Auskoppelfenster so modifiziert werden, daß er zur Fokussieroptik hin konvergiert (Bild 3.15):

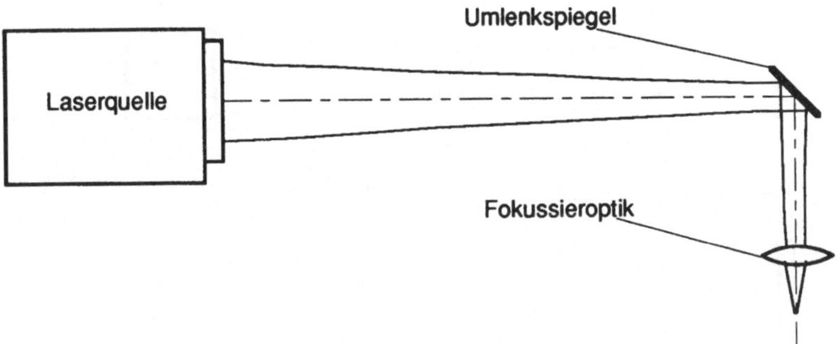

Bild 3.15: Strahlverlauf bei fester Strahlweglänge mit angepaßtem Auskoppelfenster

Wendet man für den Umlenkspiegel und die Fokussieroptik die Gl. 3.8 an, wird deutlich, daß die Fokussieroptik kleiner sein kann als der Umlenkspiegel. Auf diese Art kann man eine kleinere, und damit billigere Linse einsetzen, ohne an Laserleistung zu verlieren.

Allerdings ist zu beachten, daß die Strahltaille hinter der Fokussieroptik umso kleiner ist, je größer die Ausleuchtung der Fokussieroptik ist (Gl. 2.19). Auch aus Gründen der thermischen Belastung sollte der Strahldurchmesser auf der Fokussieroptik nicht zu klein gewählt werden.

Schwieriger wird die Auslegung, falls sich wie bei der "fliegenden Optik" die Strahlweglänge, also die Entfernung von der Laserquelle bis zur Fokussieroptik, ändert. Der Strahlradius auf der Fokussieroptik, also die Ausleuchtung, ist abhängig von der Entfernung z (Bild 3.16). Deshalb muß die freie Apertur der Fokussieroptik an den maximal auftretenden Strahlradius angepaßt werden, im Bild 3.16 ist das z_{max}.

Das größere Problem bei der "fliegenden Optik" ist aber das Wandern der Strahltaille im Fokusstrahlengang. Durch die Verschiebung der Fokussieroptik bzgl. des Lasers bzw. der Strahltaille ändert sich auch die Lage der Strahltaille hinter der Fokussieroptik (Gl. 2.20). Dieses Problem kann man dadurch lösen, daß der Strahl sehr weit aufgeweitet wird und so zwischen z_{min} und z_{max} kaum seinen Krümmungsradius ändert. Anders ausgedrückt, man legt die Strahltaille im Freistrahl (Bild 3.9) zwischen z_{min} und z_{max} und macht die Rayleighlänge z_{R_0} so groß, daß Δf relativ unempfindlich von z wird. Dadurch hat man aber einen großen Strahlradius (Gl. 2.6) und muß für eine große freie Apertur sorgen, was die Kosten der Anlage erhöht (siehe oben).

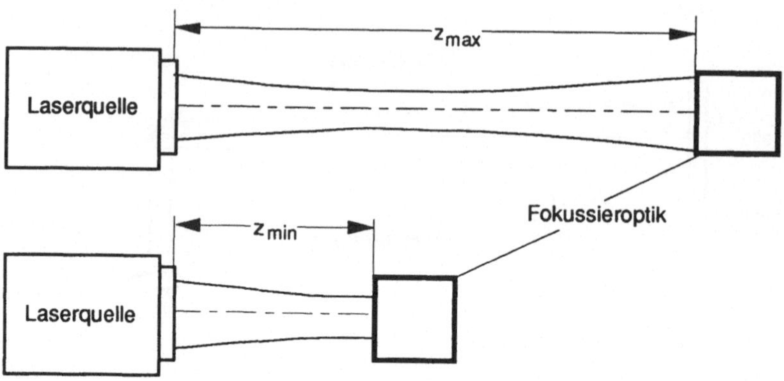

Bild 3.16: Möglicher Strahlverlauf bei variabler Strahlweglänge ("fliegende Optik") und einer Laserquelle mit Standardauskoppelfenster

Eine Lösung für die Problematik ist der Einsatz einer Strahlnachstellung mittels einer adaptiven Optik [8]. Dabei wird der Strahl über einen Spiegel geleitet, dessen Oberflächen-krümmung verändert werden kann. Dadurch kann die Strahltaille mit der Fokussieroptik verschoben werden. Wird nun der Spiegel in geeigneter Weise mit der Systemsteuerung, die zu jedem Zeitpunkt die Strahlweglänge z kennt, gekoppelt, läßt sich mit einem Stell-system der Strahl an den aktuellen Strahlweg anpassen. Systeme dieser Art sind bereits im industriellen Einsatz.

Ein solches System ist ein reines Stellsystem, da die Auswirkungen der Nachstellung auf den Strahl nicht gemessen wird. Da sich die optischen Komponenten langfristig durch Al-terung oder periodisch durch thermische Belastung verändern [15], ist mit einem Stellsy-stem kein dauerhaft konstantes Bearbeitungsergebnis zu erzielen.

Die Weiterentwicklung muß daher ein Regelsystem sein, bei dem die Auswirkungen der Nachstellung auf den Strahl permanent vermessen werden. In einem solchen Regelsystem ist der Meßwertaufnehmer die zentrale Komponente. Im nächsten Kapitel wird dieser Sensor eingehend in Aufbau und Funktion beschrieben.

4   Meßwertaufnehmer für ein geregeltes Strahlführungssystem

Um den Ort der Strahltaille im Fokusstrahlengang konstant zu halten, muß ein Regelsystem aufgebaut werden. Dazu ist ein Strahlsensor nötig, der den Strahl des Betriebs der Laserbearbeitungsanlage vermißt. Zunächst wird dessen Funktion und Aufbau beschrieben. Dem folgt die experimentelle Untersuchung der Einzelkomponenten und des Sensors im Regelsystem.

4.1   Verfahren zur Messung des Ortes der Strahltaille

4.1.1   Anforderungen an das Meßverfahren und prinzipieller Aufbau

Ziel der Arbeit ist die Konzeption eines geregelten Strahlführungssystems, das den Ort der Strahltaille im Bezug zur Fokussieroptik konstant hält. Dazu ist ein Meßwertaufnehmer (Sensor) nötig, der den Ort der Strahltaille mißt. Diese Messung kann entweder direkt oder indirekt erfolgen. Bei der direkten Messung wird der Intensitätsverlauf hinter der Fokussieroptik ortsaufgelöst bestimmt. Der Punkt mit der höchsten Intensität ist der Ort der Strahltaille. Problem bei der direkten Messung ist, daß sich während der Bearbeitung das Werkstück in der Nähe der Strahltaille befindet. Die direkte Messung kommt demnach nicht zur simultanen Messung in Frage, sondern kann nur zur Verifikation des im folgenden beschriebenen Verfahrens verwendet werden.

Bei dem indirekten Verfahren werden die Strahlparameter an einer festen Position im Strahlengang bestimmt. Durch die Kenntnis der optischen Eigenschaften all derer Komponenten, die der Meßposition folgen, kann der Ort der Strahltaille berechnet werden. Falls diese optischen Eigenschaften einer zeitlichen Änderung unterworfen sind, ist das Verfahren jedoch nur eingeschränkt anwendbar. Um den Einfluß von Störgrößen gering zu halten, sollte die Messung direkt vor oder hinter der Fokussieroptik erfolgen. Eine mögliche Realisierung wird im Kap. 5 beschrieben.

Im folgenden wird angenommen, daß die Strahlparameter direkt vor der Fokussieroptik gemessen werden. Der Ort der Strahltaille hängt dann von der Brennweite der Fokussieroptik, dem Winkel des einfallenden Strahls zur optischen Achse und dem Krümmungsradius der Wellenfront ab. Die Lage des Strahls auf der Fokussieroptik dagegen hat keinen Einfluß auf den Ort der Strahltaille, weil alle parallel zueinander einfallenden Strahlen in demselben Punkt gebündelt werden (Bild 4.1). Dies gilt solange der Strahl nicht durch den Rand der Fokussieroptik abgeschattet wird.

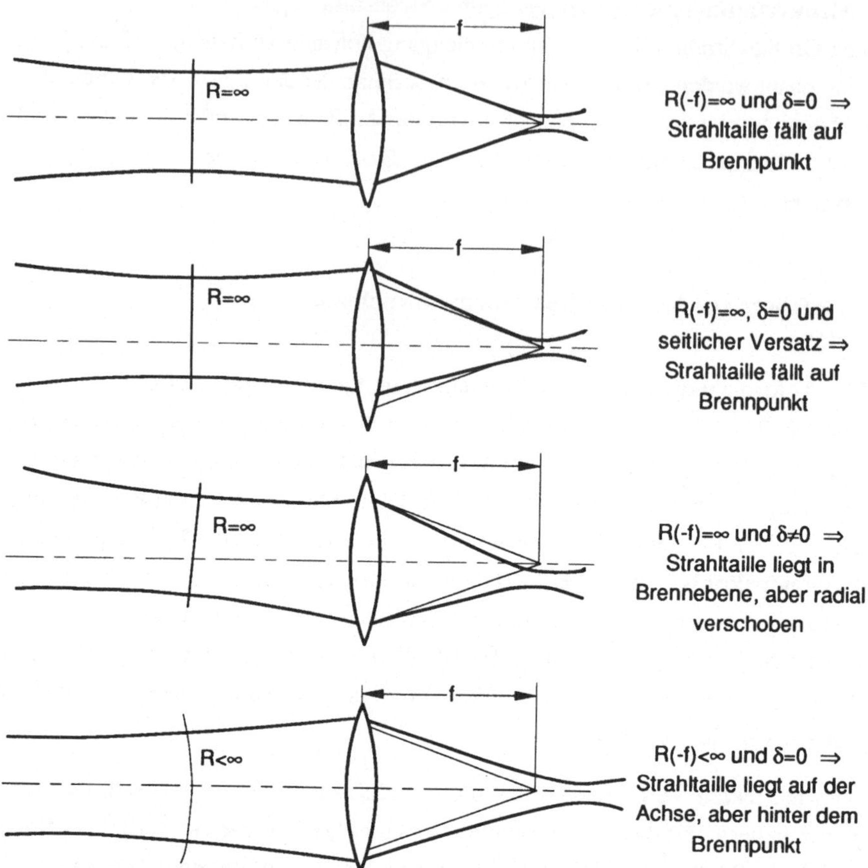

Bild 4.1: *Abhängigkeit des Ortes der Strahltaille von dem Krümmungsradius der Wellenfront R vor der Fokussieroptik und dem Einfallswinkel δ des einfallenden Strahls (δ=0° ist der senkrechte Einfall)*

Es gilt also, die Richtung des Strahls (zwei Freiheitsgrade) und den Krümmungsradius der Wellenfront (ein Freiheitsgrad) zu bestimmen. Ein Verfahren, das diese Messung simultan zu dem Bearbeitungsprozeß durchführt, muß den einfallenden Strahl teilen. Ein Teil, der Arbeitsstrahl, wird zur Materialbearbeitung verwendet, der andere Teil, der Meßstrahl, wird mit einem geeigneten Aufbau vermessen. Dabei darf sich die Phase des ausgekoppelten Teilstrahls von der des Originalstrahls nur um einen konstanten Wert unterscheiden. Ebenso soll die Intensität im Arbeitsstrahl möglichst groß und im Meßstrahl möglichst klein sein, damit die Verluste durch die Messung so gering wie möglich gehalten werden.

Die in der Patentschrift [12] vorgestellte Vorrichtung erfüllt die gestellten Forderungen zur Messung des Strahlwinkels und des Krümmungsradius der Wellenfront. Bild 4.2 zeigt den Aufbau gemäß [12]:

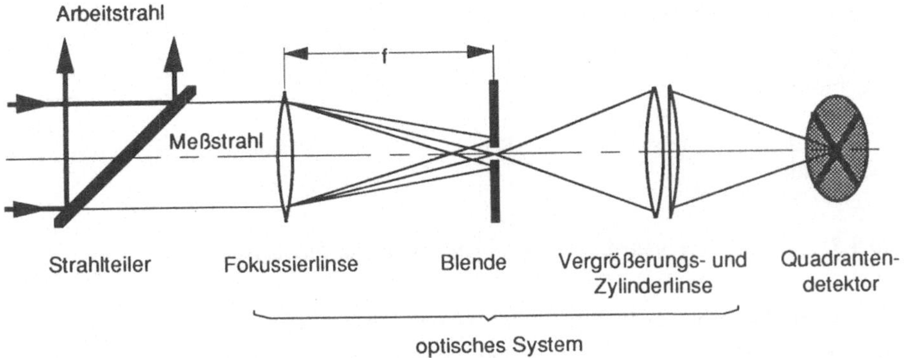

Bild 4.2:   Prinzipieller Aufbau des Strahlsensor

Der Aufbau gliedert sich in drei Abschnitte: Strahlteiler, optisches System und Quadrantendetektor. Der Arbeitsstrahl kommt im Bild von links und wird zum großen Teil am Strahlteiler reflektiert. Ein kleiner Teil des Strahls tritt durch den Strahlteiler hindurch. Im Kap. 4.1.2 wird der Aufbau und die Funktionsweise des Strahlteilers erläutert. Ein optisches System, bestehend aus einer Sammellinse, einer Blende und einer astigmatischen Linsenkombination, bildet den Meßstrahl auf einen Quadrantendetektor ab (Kap. 4.1.3). Dieser pyroelektrische Quadrantendetektor wandelt die Intensität in ein elektrisches Signal um, das von einer Elektronik ausgewertet wird (Kap. 4.1.4).

4.1.2   Strahlteilerspiegel

Ein Strahlteiler besteht üblicherweise aus einer für die benutzte Strahlung transparenten, planparallelen Platte, deren Vorderseite mit einer teilreflektierenden Schicht versehen ist. Durch spezielle Wahl der Schicht wird der Anteil der reflektierten Strahlung und damit der Teilungsfaktor bestimmt. Ein zweite Möglichkeit ist die Verwendung eines Strahlteilerwürfels. Er ist aus zwei 45°-Prismen zusammengesetzt. Die gemeinsame Fläche ist ebenfalls mit einer teilreflekterierenden Schicht versehen (Bild 4.3). Beide Bauformen sind allerdings für einen Hochenergielaser nur sehr bedingt geeignet. In beiden Fällen wird transparentes Material benützt, das immer eine gewisse Absorption aufweist. Die Abfuhr der Wärme kann nur am Rand erfolgen und ist somit ungleichmäßig. Dadurch verändert sich die optische Qualität erheblich [15].

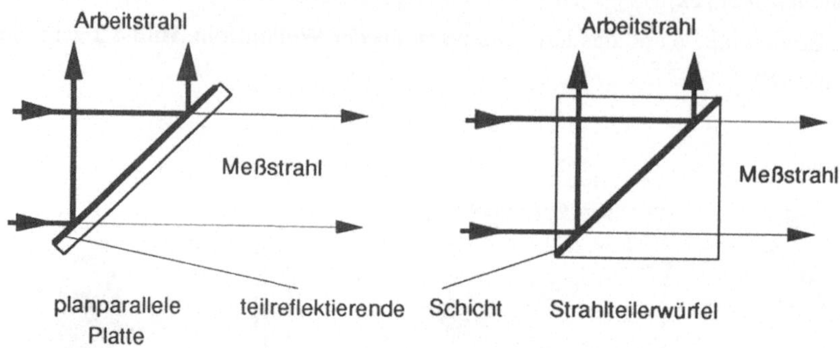

Bild 4.3:   *Aufbau von gebräuchlichen Strahlteilern für kleine Intensitäten*

In [13] wird ein Lochspiegel als Strahlteiler speziell für Hochleistungslaser vorgeschlagen. Ein solcher Lochspiegel wird für das hier beschriebene Verfahren verwendet (Bild 4.4):

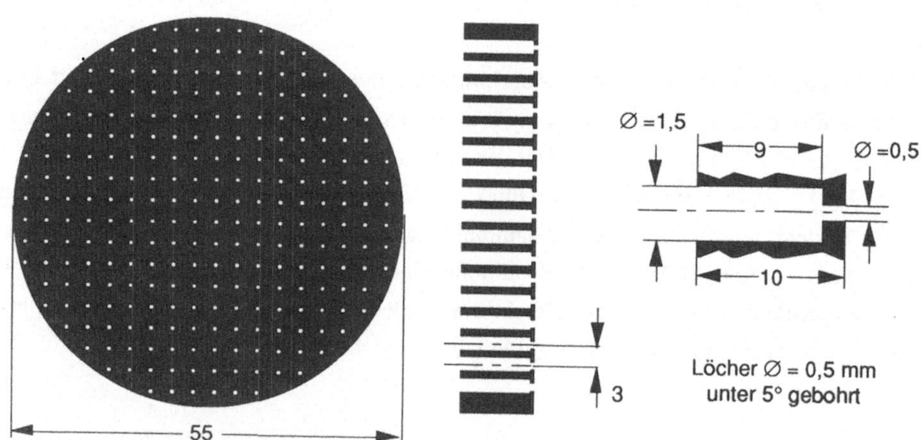

Bild 4.4: Aufbau des Strahlteilerspiegels

Der Transmissionsfaktor t (=Auskoppelgrad) eines Lochspiegels wird nach [13] durch den Flächenanteil der Bohrungsflächen an der Gesamtfläche bestimmt. Ist s der Durchmesser und a der Abstand der Bohrungen, so gilt:

$$t = \frac{\pi}{4} \cdot \frac{s^2}{a^2} \qquad . \tag{4.1}$$

Bei der realisierten Versuchsanordnung wird ein Lochabstand a von 3mm und ein Bohrungsdurchmesser s von 0,5mm verwendet. Dies ergibt einen Transmissionskoeffizienten von $t=2{,}2\cdot10^{-2}$.

Ein Problem bezüglich der Absorption wie bei den im Bild 4.2 gezeigten Strahlteilern existiert nicht, da der Strahl lediglich reflektiert wird. Die Energie, die an der Spiegeloberfläche absorbiert wird, kann durch Kühlung des Spiegelsubstrats abgeführt werden. Eine gleichmäßige Kühlung wird durch Kühlkanäle im Spiegelkörper möglich. Durch die Wahl eines geeigneten Materials, wie z.B. OFHC-Kupfer, ist erstens eine hohe Wärmeleitfähigkeit gegeben und damit eine gleichmäßige Wärmeabfuhr möglich und zweitens wird durch Diamantfräsen eine hohe Reflektivität der Spiegeloberfläche erreicht.

Lediglich die Herstellung der sehr kleinen Bohrungen ist nicht unproblematisch. Bis zu einem Durchmesser von 0,3mm kann die Herstellung mit einem mechanischen Bohrer erfolgen. Bei kleineren Durchmessern müssen anderen Verfahren, wie z.B. Elektronenstrahlbohren angewandt werden.

Die Bohrungen des verwendeten Spiegels, der aus OFHC-Kupfer hergestellt ist, sind unter einem Winkel von 5° gegenüber der Oberfläche eingebracht. Wird der Spiegel also in den Arbeitsstrahl unter 5° gestellt, lenkt er den Hauptteil um 10° ab und läßt ein Bündel kleiner Strahlen ungehindert in der Richtung des ursprünglichen Strahls hindurch (Bild 4.5):

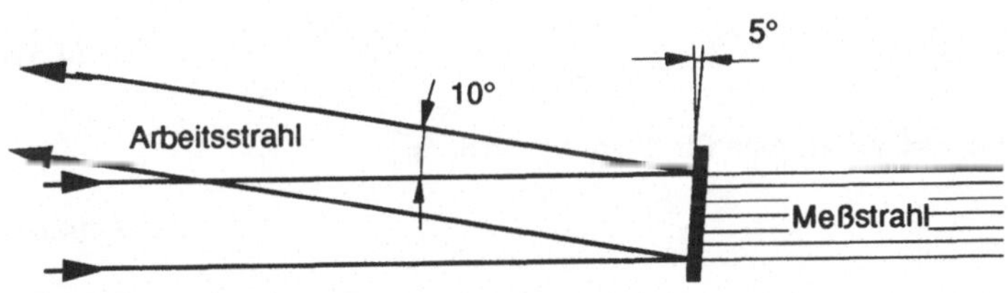

Bild 4.5:   Strahlengang mit Lochspiegel

Der Unterschied eines Lochspiegels zu den in Bild 4.2 gezeigten Strahlteilern ist, daß ein Lochspiegel sowohl in Transmission, als auch in Reflexion Beugungsmuster erzeugt, weil die regelmäßige Anordnung der Bohrungen ein Gitter bildet. In Transmission werden durch die Bohrungen nur kleine Strahlenbündel durchgelassen und in Reflexion wird das Gitter durch die Bohrungen erzeugt, die das Licht nicht reflektieren.

In Kapitel 2.2.2 wurde die Beugung an einem linearen Gitter beschrieben. Der Lochspiegel in der verwendeten Form hingegen ist ein zweidimensionales Gitter, das auch ein zweidimensionales Beugungsmuster erzeugt. Das Beugungsbild des Lochspiegels in einer Dimension ist qualitativ gleich dem Beugungsbild eines linearen Gitters. Der Unterschied besteht nur in der Form der Öffnungen. Die Gl. 2.25 beschreibt die Intensität bei rechteckigen Öffnungen, während der Lochspiegel runde Öffnungen hat. Dadurch wird die "Hüllkurve" verändert. Anstelle der Sinusfunktion tritt die Besselfunktion erster Ordnung J_1.

Für die Leistungen in den Maxima der verschiedenen Ordnungen n und m in Reflexion $P_{R_{n,m}}$ werden in [13] folgende Formeln angegeben:

$$P_{R_{n,m\neq 0}} = r\, t^2\, \text{somb}^2\, (\tfrac{s}{a} \cdot \sqrt{m^2+n^2}) \cdot P_0 \qquad (4.2)$$

$$P_{R_{0,0}} = r \cdot (1-t)^2\, P_0 \qquad (4.3)$$

$$\text{somb}(x) = \frac{2J_1(\pi x)}{\pi x} \qquad . \qquad (4.4)$$

Darin ist P_0 die eingestrahlte Gesamtleistung und r die Reflektivität des Spiegels. In Reflexion geht demnach der Hauptanteil in die nullte Ordnung (Gl. 4.3), auf die nächsten Ordnungen entfallen insgesamt nur wenige Prozent (Gl. 4.2). Bei einer Reflektivität von 97,8% für diamantgefrästes Kupfer gehen somit 93,6% in die nullte Ordnung des Arbeitsstrahls.

In Transmission geht die meiste Leistung in die nullte Ordnung. Die Leistung in den benachbarten Ordnungen liegt im Gegensatz zur Reflexion in der gleichen Größenordnung:

$$P_{T_{n,m}} = t^2\, \text{somb}^2\, (\tfrac{s}{a} \cdot \sqrt{m^2+n^2}) \cdot P_0 \qquad . \qquad (4.5)$$

Durch Einsetzen von n,m=0 erhält man für die nullte Ordnung:

$$P_{T_{0,0}} = t^2\, P_0 \qquad . \qquad (4.6)$$

Das besondere dabei ist, daß jede Ordnung für sich ein genaues Abbild des Originalstrahls ist. Falls der einfallende Strahl in einem von null verschiedenen Winkel zur optischen Achse auf den Strahlteiler trifft*, so werden alle Beugungsordnungen um denselben Winkel abgelenkt. Ebenso hat jede Beugungsordnung in Transmission denselben Krümmungsradius wie der einfallende Strahl. Mit jeder einzelnen Beugungsordnung kann man demnach simultan zur Bearbeitung Strahldiagnose betreiben mit dem Vorteil, daß wesentlich weniger Leistung als im Originalstrahl vorhanden ist.

---

* Im folgenden wird dieser Strahl wegen der sprachlichen Vereinfachung "gekippter Strahl" genannt.

In die nullte Ordnung in Transmission geht nach Gl. 4.6 bei dem verwendeten Lochspiegel 0,0475% der eingestrahlten Leistung, eine Größenordnung, die für die Diagnose gut geeignet ist. Nachteil dieses Verfahrens ist, daß ein Teil der Strahlleistung verloren geht, da sie sowohl in Transmission als auch in Reflexion in die höheren Beugungsordnungen geht, die nicht gebraucht werden.

4.1.3 Optisches System

Das dem Strahlteiler folgende optische System hat die Aufgabe, die höheren Beugungsordnungen des Meßstrahls auszublenden und den verbleibenden Strahl so auf den Quadrantendetektor abzubilden, daß die Messung der beiden Strahlwinkel und der Krümmung der Wellenfront möglich ist. Dies geschieht in folgender Weise:

Mit einer Sammellinse werden zunächst die Strahlenbündel hinter dem Strahlteiler fokussiert. In der Brennebene entsteht das im Kapitel 2.2.2 beschriebene Beugungsmuster, von dem die Blende nur die nullte Ordnung hindurch läßt (Bild 4.6). Die Nebenmaxima kommen laut Gl. 2.30 von der endlichen Lochanzahl im Strahlteiler. Um eine gute Trennung der Hauptmaxima zu erreichen, ist demnach eine möglichst große Anzahl von Löchern anzustreben.

Der Blendendurchmesser wird gleich dem Abstand von der 0. zur 1. Ordnung gewählt. Fällt der Strahl gekippt auf den Strahlteiler, trifft die 0. Ordnung die Lochblende nicht mehr in der Mitte (Bild 4.6, unten). Wird der Strahl noch weiter gekippt, wandert die 0. Ordnung aus der Blendenöffnung aus und die 1. Ordnung passiert die Lochblende. Damit ist die Messung der Verkippung nicht mehr möglich.

Der maximale Meßbereich α wird somit durch den Abstand der Ordnungen δ_{max} festgelegt. Mit Gl. 2.29 gilt:

$$\alpha = \pm \frac{\delta_{max}}{2} = \pm \frac{\lambda}{2a} \qquad . \tag{4.7}$$

Der Winkelmeßbereich im untersuchten Fall beträgt $\pm 1,77$mrad. Der Abstand der Ordnungen auf der Blende o hängt von der Brennweite der Fokussierlinse f_F ab. Im dem Laboraufbau ist $f_F = 508$mm. Für o ergibt sich:

$$o = f_F \cdot \Delta\delta_{max} \qquad . \tag{4.8}$$

Der Lochdurchmesser, der maximal so groß sein darf, wie der Abstand der Beugungsordnungen auf der Blende, kann also bis zu 1,79 mm betragen.

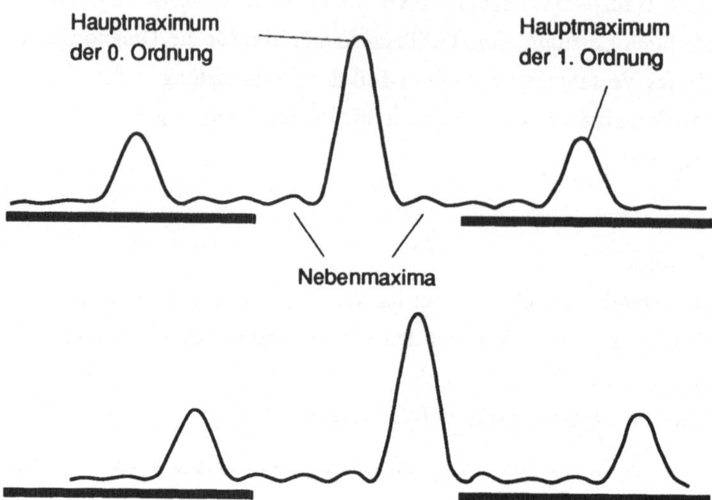

Bild 4.6: Intensitätsverteilung vor der Blende bei nicht gekipptem (oben) und gekipptem Strahl (unten)

Nach der Blende steht das nullte Hauptmaximum für die Messung der Parameter Krümmungsradius (entspricht der Divergenz) und Kippwinkel zur Verfügung. Die folgende Linsenkombination hat nun die Aufgabe, den Strahl so auf den Quadrantendetektor abzubilden, daß die Messung dieser Parameter möglich ist. Mit einer einfachen bikonvexen Linse ist das nicht möglich, da lediglich die Winkelinformation mit dem Quadrantendetektor bestimmt werden könnte.

Eine Möglichkeit, die geforderte Messung durchzuführen, ergibt sich durch die Verwendung einer astigmatischen Linsenkombination. Die Linsenkombination setzt sich zusammen aus einer sphärischen Abbildungslinse und einer Zylinderlinse (astigmatische Linse) und hat damit zwei Brennpunkte, den sagittalen und den meridionalen (Bild 4.7).

Der Quadrantendetektor wird nun so positioniert, daß er im Punkt der größten Schärfe steht. In Bild 4.8 sind die Bilder auf dem Detektor gezeigt, die sich ergeben, sobald der Strahl gekippt wird, die Divergenz verändert wird oder beide Fehlstellungen kombiniert werden.

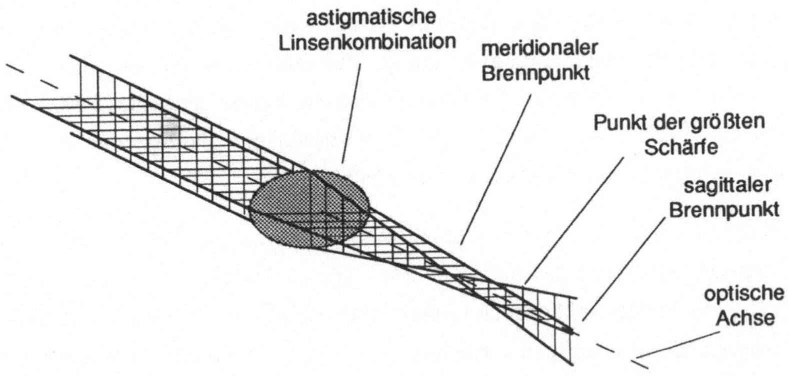

Bild 4.7:   Abbildungseigenschaften der astigmatischen Linsenkombination

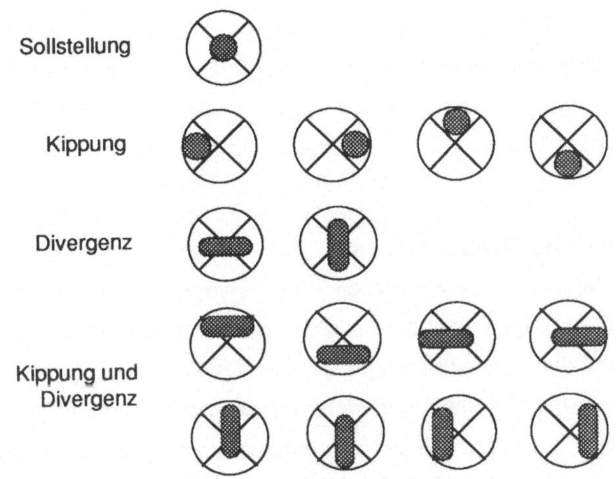

Bild 4.8:   Abbildung des Strahls auf dem Quadrantendetektor in Sollstellung und bei verschiedenen Fehlstellungen

In der Sollstellung ist der Strahl als runder Fleck in der Mitte des Quadrantendetektors abgebildet. Ist der Strahl gekippt, wandert das Bild aus der Achse. Ist der Strahl konvergent, so wandert der Fokus in Bild 4.7 in Richtung der Linse, so daß auf dem Detektor ein vertikaler Linienfokus entsteht. Für einen divergenten Strahl ist der Linienfokus auf dem Detektor horizontal. Ist der Strahl sowohl defokussiert, als auch gekippt, werden diese Abbildungsmöglichkeiten kombiniert. Aus diesen Bildern wird deutlich, daß durch Auswertung der Signale auf dem Quadrantendetektor eine eindeutige Identifizierung des Strahlzustands möglich ist.

Bei der Abbildung durch die astigmatische Linsenkombination muß die Leistung, die das nullte Hauptmaximum hat, so auf dem Detektor verteilt werden, daß dabei die Intensität die Belastungsgrenze des Detektors nicht übersteigt. Bei handelsüblichen Detektoren sind das etwa $5W/cm^2$. Für eine durch den Arbeitsstrahl und die Transmission des Strahlteilers gegebene Leistung der 0. Ordnung ist das dadurch zu erreichen, daß durch eine geeignete Vergrößerung die Bildgröße auf dem Detektor angepaßt wird.

Für den Laboraufbau wurde die Linsenkombination so ausgewählt, daß der Meßstrahl, der durch die Lochblende geht, auf einer optischen Bank der Länge 500mm zweifach vergrößert wird. Die Brennweite der sphärischen Linse beträgt 127mm und die der Zylinderlinse 1400mm. Mit diesen Werten beträgt der Abstand zum Symmetriepunkt 122mm, der meridionale Fokus 116mm, der sagittale Fokus 127 mm, die Gegenstandsweite 183mm und die mittlere Bildweite 365mm. Die Linsenkombination wird so aufgestellt, daß die Lochblende in der Gegenstandsweite steht und der Detektor in der mittleren Bildweite.

Die vordere Bildweite liegt bei 321mm und der hintere bei 417mm. Durch diese Auslegung ist der Meßbereich der Divergenzmessung ausreichend groß, um alle relevanten Fälle abzudecken. Falls die Brennweite der Zylinderlinse kürzer gewählt wird, steigt die Empfindlichkeit des Sensors, aber der Meßbereich der Divergenz wird kleiner.

4.1.4   Quadrantendetektor und Signalauswertung

Der Quadrantendetektor hat die Aufgabe, die enstehende Intensitätverteilung in ein elektrisches Signal umzusetzten. Diese Signale werden in der Auswerteelektronik in die Meßwerte für den Kippwinkel und die Divergenz umgesetzt. Der Quadrantendetektor besteht aus vier quadratischen Flächen, die aus einem pyroelektrischen Material sind. Pyroelektrizität ist die Fähigkeit mancher Kristalle, sich bei Temperaturänderungen an bestimmten Grenzflächen entgegengesetzt elektrisch aufzuladen [14]. Ein Pyrodetektor ist sehr empfindlich und kann bei Raumtemperatur betrieben werden. Der Nachteil ist, daß der Detektor nur Wechselsignale messen kann, da nach einer Änderung der Strahlung der Detektor keine weiteren Ladungen mehr erzeugt. Elektrisch verhält sich der Detektor wie ein Kondensator und ist somit sehr hochohmig. Nur mit einem FET-Eingang kann man die Spannung am Detektor verstärken.

Um aus dem kontinuierlichen Meßstrahl ein veränderliches Signal zu machen, wird in dem Sensor der Meßstrahl mit einer Zerhackerscheibe (Chopper) unterbrochen. Das ergibt gleichzeitig den Vorteil, daß das kleine Meßsignal, das im allgemeinen verrauscht ist, mit einem schmalbandigen Filter störungsarm extrahiert werden kann.

Aus dem Detektor kommen vier Rechtecksignale, deren Amplitude der momentanen Leistung auf dem jeweiligen Sektor entspricht. Die Signale am Ausgang des Quadratendetektors werden mit S_1, S_2, S_3 und S_4 bezeichnet. Die Numerierung der Quadranten geht aus Bild 4.9 hervor.

Quadranten-
detektor

Bild 4.9:   Anordnung und Bezeichnung der Quadranten des Detektors

Aus dem Bild 4.8 lassen sich die folgenden Zusammenhänge der Korrekturgrößen K_{T_x}, K_{T_y} und K_F mit den Sensorsignalen erkennen:

$$K_{T_x} = S_1 - S_3 \qquad\qquad (4.9)$$

$$K_{T_y} = S_2 - S_4 \qquad\qquad (4.10)$$

$$K_F = (S_1 + S_3) - (S_2 + S_4) \qquad . \qquad\qquad (4.11)$$

Die Verarbeitung der Signale erfolgt mit einem analogen Rechenwerk (Bild 4.10).

Eine Einschränkung stellt die Korrektur der Divergenz dar. Um das Korrektursignal K_F zu berechnen, muß zunächst der Kippwinkel mit dem Stellglied ausgeglichen werden, da die Divergenzkorrektur einen nicht gekippten Strahl voraussetzt. Dies kann dadurch realisiert werden, daß die Regelfrequenz der Kippkorrektur höher ist als die der Brennweitenkorrektur.

Die Signale werden zunächst im Detektorgehäuse impedanzgewandelt und bereits verstärkt. Dadurch liegt am Ausgang des Detektors eine Spannung in der Größenordnung von einigen hundert mV an. Die nächste Stufe sind die Filterverstärker. Die Mittenfrequenz v_0 der Bandfilter wird auf die Zerhackerfrequenz abgestimmt. Die Bandbreite v_B richtet sich nach den gewünschten Regelfrequenzen für die Strahlkorrektur. Nach den Filterverstärkern sind die Signale annähernd sinusförmig. In RMS/DC-Konvertern, das sind Gleichrichter, die im Gegensatz zu normalen Brückengleichrichtern auch bei Spannungen unter 0,7V funktionieren, werden aus den Wechselspannungssignalen Gleichspannungen gemacht. Hier ist eine Glättung vorhanden, die die Reaktionszeit der Auswerteelektronik bestimmt.

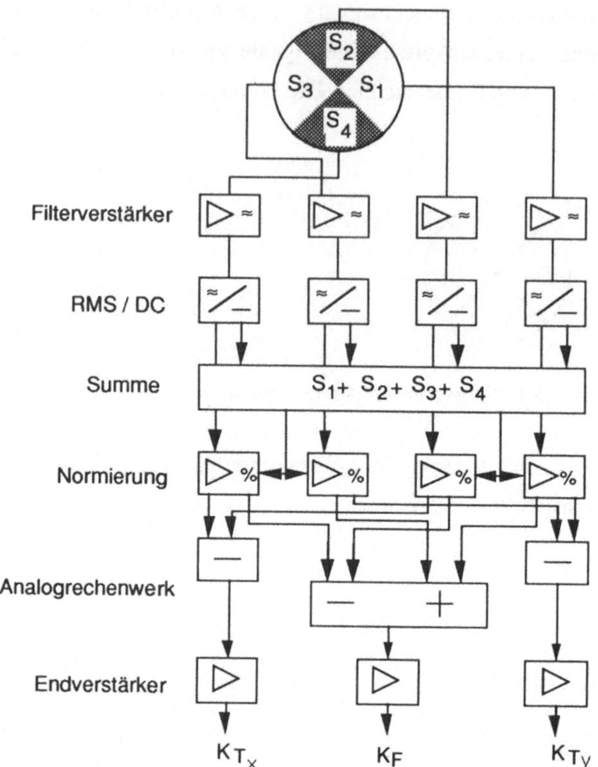

Bild 4.10: Blockschaltbild der Auswerteelektronik

Für die Berechnung der Korrektursignale sind nur die Verhältnisse der Signale, nicht aber deren absolute Größe maßgebend. Darum werden mit dem Summensignal alle Signale mit Dividierern normiert. Es folgt ein analoges Rechenwerk, aufgebaut aus Operationsverstärkern, das die gewünschten Korrektursignale direkt ausgibt. Als Abschluß dienen variable Ausgangsverstärker, die eine Einstellung der Empfindlichkeit zulassen.

Damit stehen die Strahlparameter, Kippung des Strahls in beiden Richtungen und Divergenz, als elektrische Signale zur Verfügung. Ist ein entsprechendes Stellglied vorhanden, so kann mit dem vorhandenen Meßwertaufnehmer ein Regelkreis aufgebaut werden.

4.2 Experimentelle Untersuchung der Komponenten

Um eine genaue Auslegung zu ermöglichen, wurden die Komponenten des Systems einzeln untersucht: Das Verhalten des Strahlteilers in Transmission und dessen Zusammenspiel mit dem optischen System, die Funktionsweise und den Aufbau eines adaptiven Spiegels und das Verhalten des Quadrantendetektors.

4.2.1 Strahlteiler

Zu untersuchende Eigenschaften des Strahlteilers sind sowohl die Beeinflussung des Arbeitsstrahls, als auch das Verhalten in Transmission. Da für die Versuche kein Hochenergielaser zur Verfügung stand, wurden nur die Transmissionseigenschaften vermessen. Als Laserquelle diente ein Laborlaser mit 8W Leistung. Zur Diagnose wurde eine hochempfindliche Infrarotkamera benutzt (HgCdTe-Detektor, Scannersystem). Damit war es möglich, auch die kleine transmittierte Leistung problemlos zu messen. Der Meßaufbau geht aus Bild 4.11 hervor.

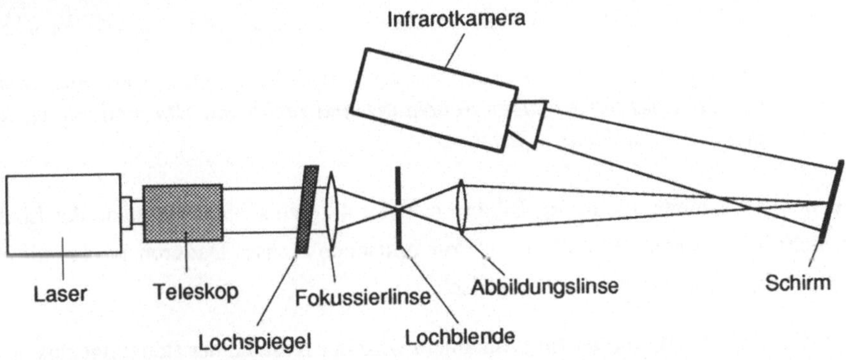

Bild 4.11: Laboraufbau zur Transmissionsmessung des Lochspiegels

Der Laborlaser wird mit einem Teleskop auf einen Durchmesser von etwa 50mm aufgeweitet. Damit es nicht zu Mehrfachreflexionen kommt, wird der Lochspiegel in genügendem Abstand zum Teleskop unter einem Winkel von 5° (Bild 4.5) aufgebaut. Der reflektierte Arbeitsstrahl wird in dem Laboraufbau nicht weiter verfolgt.

Der Meßstrahl wird mit einer Fokussierlinse aus Germanium mit der Brennweite 101,6mm gebündelt. In der Brennebene der Linse, in der sich das Beugungsmuster ausbildet, steht in einigen Versuchen eine Lochblende, um die höheren Ordnungen auszublenden. Das Interferenzmuster bzw. die Lochblende wird mit einer kurzbrennweitigen Linse (f=50,8mm) auf einen Schirm abgebildet und dort mit der Infrarotkamera betrachtet. Die Bilder, die im folgenden zu sehen sind, wurden von dem Bildschirm der Infrarotkamera mit einer Polaroidkamera gemacht.

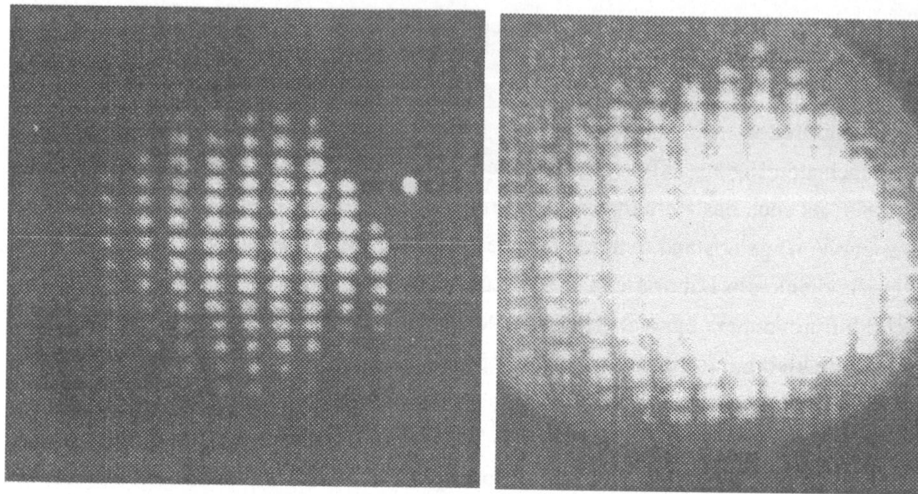

Bild 4.12: Aufnahmen mit der Infrarotkamera von dem Beugungsmuster ohne Loch-blende, links mit richtiger Belichtung und rechts mit Überbelichtung, um den Schirm sichtbar zu machen

In den ersten Aufnahmen, die in den Bildern 4.12 bis 4.14 zu sehen sind, stand der Loch-spiegel nicht unter einem Winkel von 5° zur optischen Achse. Dadurch ist auf diesen Photos die Helligkeitsverteilung asymmetrisch.

Mit Hilfe der Aufnahmen mit der Infrarotkamera wird der Abstand der Beugungsmuster in der Fokalebene der Fokussierlinse bestimmt. Dabei wird zunächst auf den Originalphotos der Abstand der Beugungsordnungen gemessen. Im Bild 4.12 ist auf der rechten Seite der Schirm zu sehen. Da die wahren Abmessungen des Schirms und sein Maß auf dem Photo bekannt sind, hat man eine absolute Referenz und kann die Abstände der Beugungsord-nungen auf dem Schirm bestimmen. Da der Schirm zur optischen Achse geneigt ist (siehe Bild 4.11) und deshalb die horizontalen Dimensionen größer abgebildet werden, muß der horizontale Abstand korrigiert werden.

Damit sind die Abstände am Ort des Schirms senkrecht zur optischen Achse bestimmt. Die Vergrößerung durch die Abbildungslinse läßt sich am besten aus dem Bildabstand und der

Brennweite der Linse ermitteln. Mit Hilfe des Linsengesetzes und der Abbildungsdefinition b = M·g ergibt sich M zu

$$M = \frac{b}{f} - 1 = 15{,}7 \qquad .$$

(4.12)

Daraus läßt sich der Abstand der Beugungsordnungen in der Fokalebene o der Fokussierlinse bestimmen. In der Tabelle 4.1 sind die Zahlenwerte zusammengefaßt:

	horizontal	vertikal
Abstand der Beugungsordnungen auf den Photos	2,82 mm	1,75 mm
Abmessungen des Schirms auf dem Photo	41 mm	38 mm
wahre Abmessungen des Schirms	129 mm	126 mm
Abbildungsmaßstab Photo-Schirm	3,15	3,32
Abstand der Beugungsordnungen auf dem Schirm	8,88 mm	5,81 mm
Korrekturfaktor durch den Winkel von 50°	0,64	
Abstand der Beugungsordnungen am Ort des Schirmes senkrecht zur optischen Achse	5,71 mm	5,81 mm
Abstand der Beugungsordnungen in der Fokalebene der Fokussierlinse	0,364 mm	0,370 mm

Tabelle 4.1:   Bestimmung der Abstand der Beugungsordnungen hinter der Fokussierlinse

Der theoretische Wert o ist

$$o = f \cdot \frac{\lambda}{a} = 0{,}359\,\text{mm} \qquad .$$

(4.13)

Er ist in beiden Richtungen gleich, da der Spiegel fast senkrecht zur optischen Achse betrieben wird und deshalb der Lochabstand a horizontal und vertikal nahezu identisch ist. Dabei ist f die Brennweite der Fokussierlinse. Die Messungen sind in guter Übereinstimmung mit der Theorie, wenn man einen Meßfehler von rund 5% als vertretbar berücksichtigt.

Weiterhin ist von Interesse, wie sich der Kontrast verringert, falls der Lochspiegel weniger Bohrungen hat. Für die Aufnahmen in Bild 4.13 sind vor dem Strahlteiler kreisförmige Blenden angebracht, um den beleuchteten Querschnitt und damit die Anzahl der zur Interferenz kommenden Strahlenbündel zu verringern.

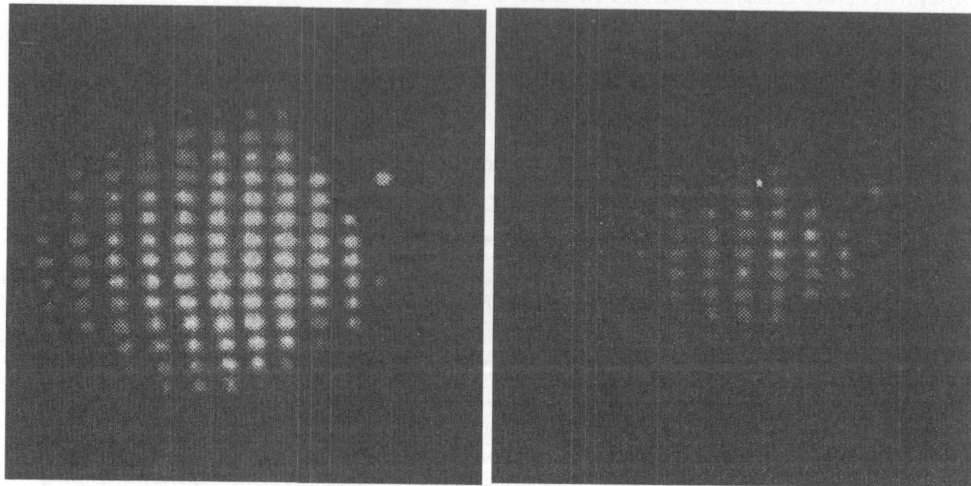

Bild 4.13: *Aufnahmen von den Beugungsmustern ohne Lochblende eines abgeblende-ten Strahls (links Strahldurchmesser 20mm, rechts Strahldurchmesser 10mm)*

Eine quantitative Auswertung wurde nicht durchgeführt. Es läßt sich allerdings erkennen, daß auch bei einem Durchmesser von nur 10mm ein guter Kontrast bei allerdings kleinerer Intensität vorhanden ist. Damit ist eine Möglichkeit gegeben, die gesamte Leistung, die durch den Strahlteiler tritt, in gewissen Grenzen zu steuern, ohne Lochabstand oder -durchmesser zu verändern. Dies geht natürlich auf Kosten der Auflösung, da dann nur ein Teilstrahl ausgewertet wird.

Die Unterschiede in Kontrast und Grundhelligkeit, die zwischen den Bildern 4.12 bis 4.15 zu sehen sind, rühren daher, daß die Aufnahmen nicht am selben Tag gemacht wurden. Durch die unterschiedliche Raumtemperatur mußte die Kamera jedesmal neu eingestellt werden, was die Differenzen erklärt.

Für das Meßprinzip ist es grundlegend, daß die nullte Hauptordnung ausgeblendet werden kann. Auf Bild 4.14 sind Beugungsmuster von Lochblenden mit dem Durchmesser 1mm und 0,3 mm wie im Bild 4.11 zu sehen in der Brennebene aufgestellt. Mit einer Loch-blende mit 1mm Durchmesser werden fünf Beugungsordnungen durchgelassen, mit 0,3mm gelangt nur eine Beugungsordnung durch, die dann auf den Detektor abgebildet werden kann.

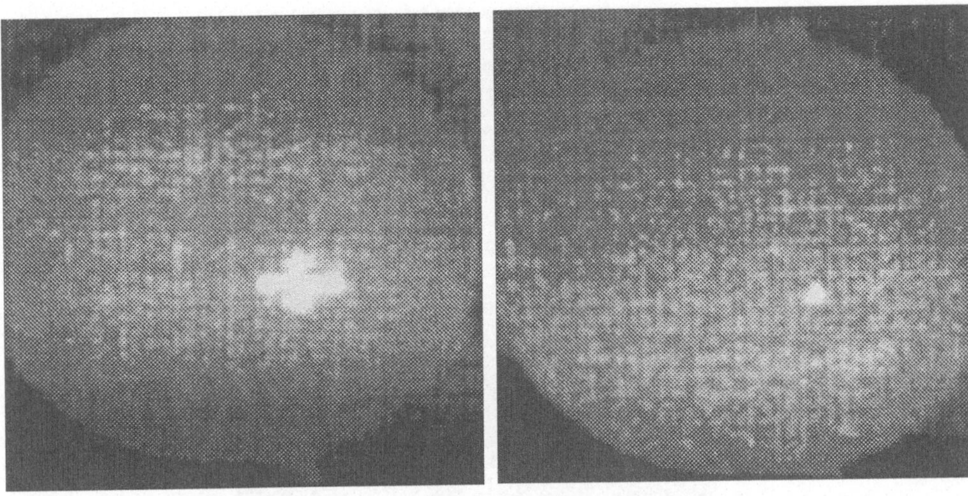

*Bild 4.14:   Aufnahmen der Beugungsmuster mit Lochblenden unterschiedlicher Durch-
messer (links 1mm, rechts 0,3mm)*

Um die phasentreue Auskopplung zu untersuchen, wurde eine Zylinderlinse mit der
Brennweite 1200mm in den Strahlengang vor den Lochspiegel gebracht. Damit wird der
Laserstrahl mit einer astigmatischen Aberration versehen, die in jeder der Beugungsordnungen in der Brennebene zu sehen sein muß. Ein Strahl mit einem Astigmatismus wird
nicht mehr punktgenau abgebildet, er hat zwei verschiedene Brennweiten (Bild 4.7). In
dem Versuch wurde die Lochblende entfernt und die Fokussierlinse zunächst soweit auf
der Strahlachse verschoben, bis der Punkt der größten Schärfe auf dem Schirm abgebildet
wurde (Bild 4.15).

Das Bild einer jeden Beugungsordnung stimmt genau mit dem überein, was man erwartet:
Verschiebt man die Fokussierlinse, so verändert sich das Bild so, daß nacheinander beide
Brennpunkte auf dem Schirm zu sehen sind. In diesem Versuch wurde die Fokussierlinse
um ±1mm verschoben. Das ist genau so viel, daß die einzelnen Ordnungen auf dem Photo
nicht mehr zu trennen sind.

Durch die durchgeführten Messungen konnten die theoretischen Vorhersagen für das Verhalten des Lochspiegels in Transmission bestätigt werden.

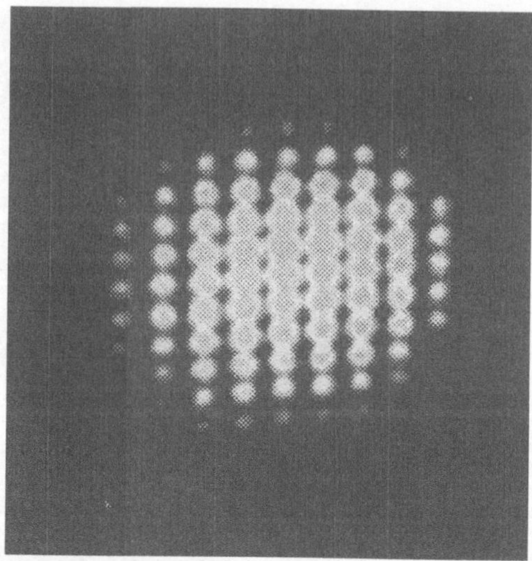

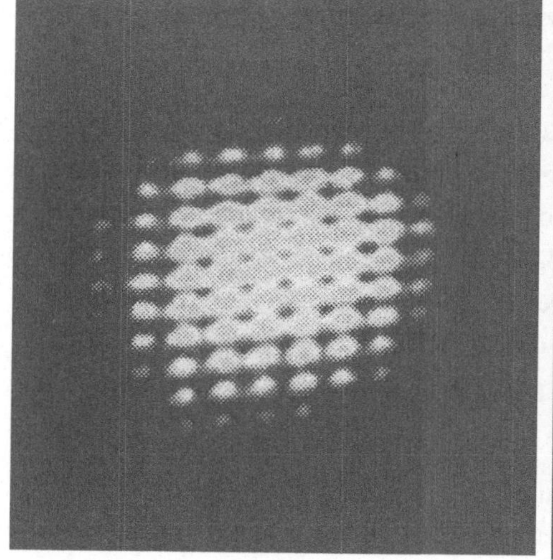

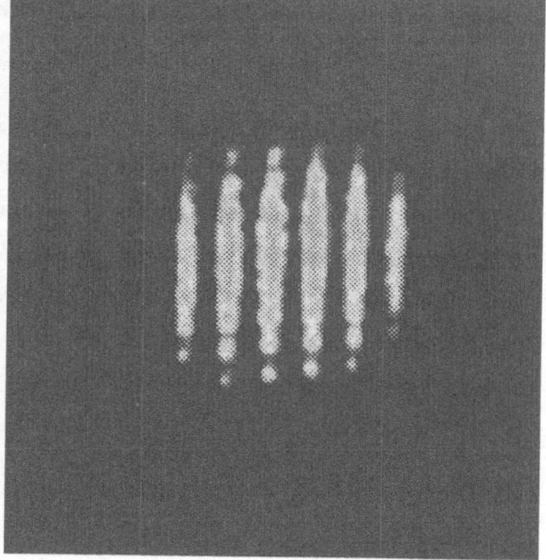

Bild 4.15: Aufnahmen der Beugungsmuster mit Zylinderlinse vor dem Lochspiegel (oben Punkt der größten Schärfe, links unten Fokussierlinse um 1mm nach vorne verschoben, rechts unten Fokussierlinse um 1mm nach hinten verschoben)

4.2.2   Pyroelektrischer Quadrantendetektor

Während der Versuche wurden zwei verschiedene Quadrantendetektoren verwendet: Ein kleiner mit einer Fläche von 2x2mm pro Element mit integriertem FET-Impedanzwandler und ein größerer mit einer Elementfläche von 10x10mm und FET-Vorverstärker. Beide

Detektoren haben eine maximale Belastbarkeit von 5 W/cm^2. Der kleinere Detektor ist in einem Standardgehäuse TO-8 untergebracht, das zum Schutz der pyroelektrischen Flächen mit einem Fenster aus Silizium versehen ist. Dadurch wird der Bereich, in dem der Detektor Strahlung wahrnehmen kann, auf das Durchlaßband von Silizium beschränkt. Bei einer Wellenlänge von 10,6μm hat Silizium aber eine hohe Transmission und beschränkt so nicht die Empfindlichkeit.

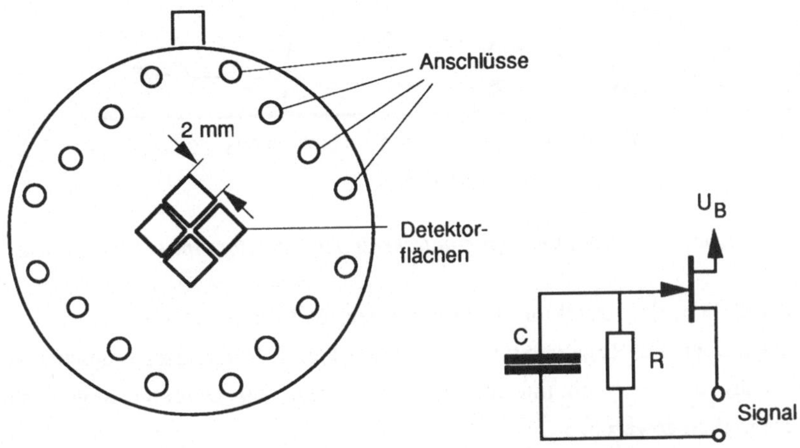

Bild 4.16: Anordnung der Detektorflächen und Ersatzschaltbild eines Sektors

In das Gehäuse sind vier FETs als Impedanzwandler integriert (Bild 4.16). Der Kondensator ist der pyroelektrische Kristall, R ein Lastwiderstand und U_B die Betriebsspannung. Das Signal wird über die Anschlüße nach außen geführt.

Zur Messung der Empfindlichkeit wurde der Detektor mit dem Laser bestrahlt. Dabei wurde die Laserleistung auf dem Detektor mit Hilfe eines Abschwächers variiert und gleichzeitig über ein Strahlteiler mit einem Leistungsmesser gemessen. Die Ergebnisse der Meßreihe sind in Bild 4.17 aufgetragen.

Im Diagramm ist der Kehrwert der Frequenz aufgetragen, um die Frequenzabhängigkeit zu verdeutlichen. Aus Bild 4.17 kann man ablesen, daß die Empfindlichkeit umgekehrt proportional zur Frequenz ist. In diesem Versuch wurde die Frequenz von 100 bis 1000Hz variiert. Die Leistungen auf dem Detektor lagen zwischen 1 und 3mW.

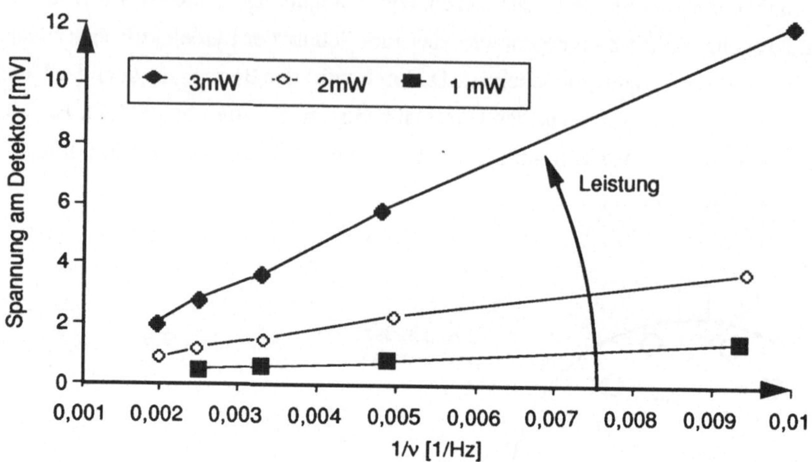

Bild 4.17: Frequenzverhalten und Empfindlichkeit des Detektors im TO-8 Gehäuse

Es war nicht möglich, den Detektor so zu betreiben, daß die Ausgangsspannung über 15mV lag* . Da aber der Regelverstärker für solch kleine Eingangsspannungen nicht gebaut war, wäre der Versuch nur mit einem eigenen, am Detektor angebrachten Vorverstärker möglich gewesen.

Der zweite Detektor mit den größeren Elementen, der auch für die Messungen im Kapitel 4.3 verwendet wurde, gelangte als nächstes zum Einsatz. Die Laserleistung konnte bis zur maximal zulässigen Flächenbelastbarkeit von $5W/cm^2$ gesteigert werden. Zudem lagen die Ausgangsspannungen bei etwa 100mV, was den Betrieb unproblematisch machte. Die erheblich größere Bauform war für die Laborversuche nicht weiter störend.

4.2.3   Adaptiver Spiegel

Für die Versuche mit dem Sensorsystem im Regelkreis war ein optisches Element notwendig, mit dem die Divergenz verändert werden kann. Dafür wurde ein druckgesteuerter adaptiver Spiegel mit folgendem Aufbau verwendet. Er besteht aus einem druckfesten Gehäuse, auf das eine Spiegelmembran aus Kupfer gespannt ist (Bild 4.18). Die Spiegeloberfläche ist diamantgefräst.

---

* Während den Messungen zeigte sich ein seltsamer Effekt, der auch von der Herstellerfirma nicht erklärt werden konnte: Sobald die Leistung über 5mW stieg (im Diagramm nicht dargestellt), ging das Signal am Detektor auf null zurück. Es besteht die Vermutung, daß die Impedanzwandler zu stark erwärmt werden und dadurch nicht mehr funktionieren.

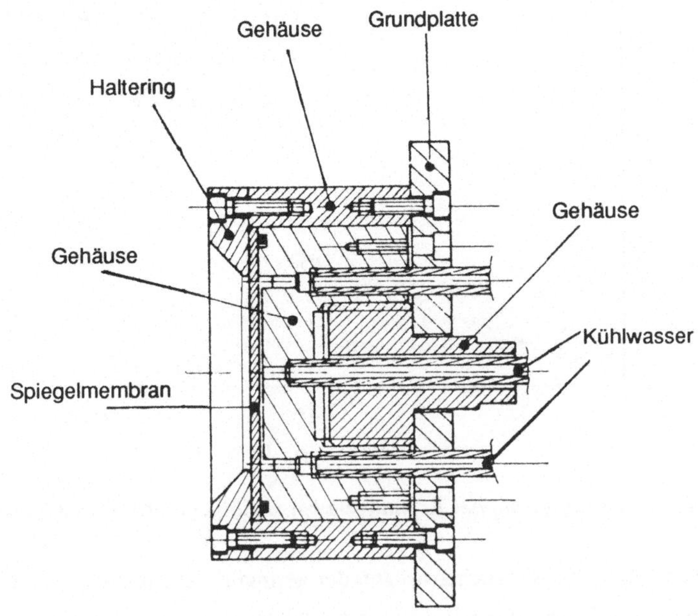

Bild 4.18: Schema des druckgesteuerten adaptiven Spiegels nach [8]

Wird das Gehäuse mit Druck beaufschlagt, so wölbt sich die Spiegelmembran nach außen und vergrößert den Krümmungsradius der Wellenfront des reflektierten Laserstrahls. Durch Verändern des Drucks wird die Wölbung verändert. Um zusätzlich eine Kühlung zu erreichen, wird Wasser zum Druckaufbau verwendet. Wichtig ist dabei, daß ein nahezu konstanter Durchfluß gewährleistet ist, um eine gleichmäßige Kühlung zu erreichen. Geregelt wird dann der Differenzdruck zwischen Ein- und Auslaß.

Um die Veränderung des Laserstrahls zu messen, haben Bea et. al. [8] in ihrem Versuchsaufbau den Strahl mit dem adaptiven Spiegel umgelenkt und mit verschiedenen Optiken fokussiert. Im Bild 4.19 ist die Veränderung des Ortes der Strahltaille als Funktion des Drucks im Spiegelgehäuse aufgetragen.

Wird der adaptive Spiegel im Strahlengang vor eine Sammellinse der Brennweite 127mm gestellt, wandert die Strahltaille etwa 1mm pro bar von der Linse weg. Der Druck darf zwischen 0 und 6bar betragen. Bei höheren Drücken wird die Membrane plastisch verformt und geht nach Druckentlastung nicht mehr in den Ausgangszustand zurück.

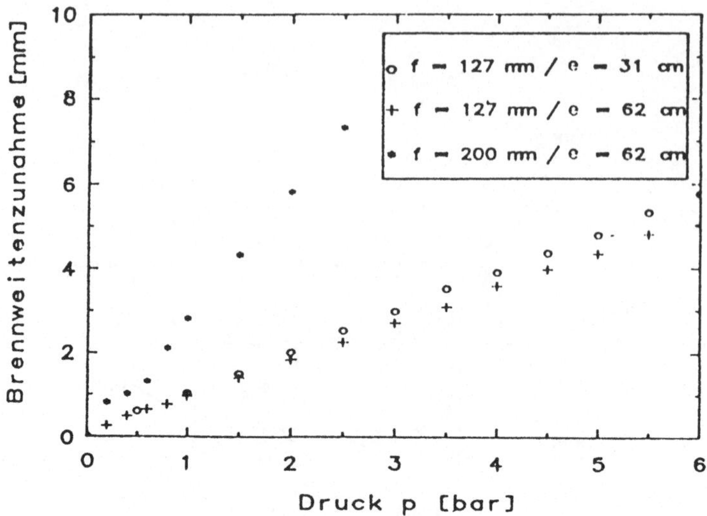

Bild 4.19: Veränderung der Brennweite bei variablem Druck im Kühlwasser [8].

Da bei den folgenden Versuchen wegen der geringen Laserleistung keine Kühlung erforderlich war, wurde der Spiegel mit Luft betrieben. Der Einlaß ist über ein von Hand einstellbares Ventil mit Manometer mit einer Stickstoffflasche verbunden, der Auslaß kann mit einem Ventil, das im Normalbetrieb geschlossen ist, entlastet werden.

Damit sind alle Komponenten, die für den Aufbau eines Regelkreises notwendig sind, getestet.

4.3 Detektorsystem im Regelkreis

Als nächstes wurde die prinzipielle Funktion des Sensors in einem Regelkreis nachgewiesen. Dazu wurde ein Regelsystem aufgebaut, mit dem auch die Empfindlichkeit des Sensors gegenüber Winkel- und Divergenzänderung bestimmt wurde. Ebenso wurde das Zeitverhalten für den untersuchten Aufbau gemessen.

4.3.1 Vorbemerkungen

Der adaptive Spiegel, der im Kap. 4.2.3 getestet wurde, ist druckgesteuert. Für den Versuchsaufbau war allerdings eine elektrische Druckregelung nicht vorhanden. Aus diesem Grund wurde der adaptive Spiegel wie in Kap. 4.2.3 von Hand betrieben und als Störer eingesetzt.

Da kein Hochleistungslaser zur Verfügung stand, konnte der Lochspiegel nicht integriert werden. Durch ihn wäre der Meßstrahl bei einem Arbeitsstrahl von eingigen Watt weniger als 1mW stark gewesen. Bei dieser geringen Leistung ist das Signal-/Rauschverhältnis des Detektors und der nachgeschalteten Elektronik so schlecht, daß ein Betrieb nicht mehr möglich ist.

Im Laufe der Arbeit hat sich herausgestellt, daß die Elektronik ein Schwachpunkt des Sensors ist. Der Ansatz, alle Rechenaufgaben analog zu bewältigen, ist zumindest für ein industrielles System nicht mehr zeitgemäß. Das liegt an dem hohen Aufwand für die Justierung und dem Ändern der Schaltung bei kleinen Variationen (z.B. Zerhackerfrequenz). Obendrein ist der gewählte modulare Aufbau der analogen Auswerteelektronik (Vorverstärkerstufe neben dem Netzteil, lange, parallele Busleitungen mit Rückkoppelmöglichkeit) zwar sehr wartungsfreundlich, aber auch anfällig für Schwingungen. Aufgrund der hohen Verstärkung im Eingangsbereich war es sehr aufwendig, die Elektronik so einzustellen, daß keine Schwingungen auftraten.

Für die Experimente wurde deshalb ein PC eingesetzt. Von der Auswerteelektronik wurde dann nur noch die Eingangsstufe, die Filter und die RMS/DC-Konverter verwendet. Die Normierung und die Berechnung der Korrektursignale übernahm der PC.

4.3.2   Aufbau der Versuchsanordnung

In Bild 4.20 ist der Aufbau des Systems zu sehen. Der Laserstrahl geht zunächst über eine langbrennweitige Linse und einen Umlenkspiegel auf den adaptiven Spiegel. Die Linse wird so justiert, daß der Strahl kollimiert ist. Es folgt eine Teleskopanordnung aus zwei Linsen. Die vordere Linse hat eine Brennweite von 50,8mm. Vor dem Fokus dieser Linse steht ein Chopper, der den Laserstrahl mit der Frequenz 202Hz zerhackt. Dahinter kommt die zweite Linse im Teleskop mit einer Brennweite von 127mm. Sie ist in einer elektrisch ansteuerbaren Verschiebeeinheit montiert, so daß mit ihr die Strahlparameter Winkel und Krümmungsradius der Wellenfront verstellt werden können. Ein Abschwächer, der nach dem Teleskop im Strahlengang steht, dämpft den Strahl so ab, daß zwischen 7 und 10mW auf den Detektor fällt. Mit einer astigmatischen Linsenkombination, die aus einer sphärischen Linse (f=127mm) und einer Zylinderlinde (f=1200mm) besteht, wird der Laserstrahl auf den Quadrantendetektor abgebildet. Der Quadrantendetektor ist mit drei Mikrometerspindeln justierbar.

Das Ausgangssignal des Detektors von etwa 100mV wird dem Regelverstärker zugeführt. Dieser übernimmt die Filterung und Gleichrichtung des Signals. Die Gleichspannungssignale werden abgegriffen und mit einem Digitalvoltmeter (HP3852) gemessen. Die Werte gehen über den IEC-Bus an einen Personal Computer HP200, der das Regelsignal in Form von Verstellwegen der zweiten Teleskoplinse berechnet. Die Verschiebetische, mit denen diese Linse verfahren wird, werden ebenfalls über IEC-Bus angesteuert.

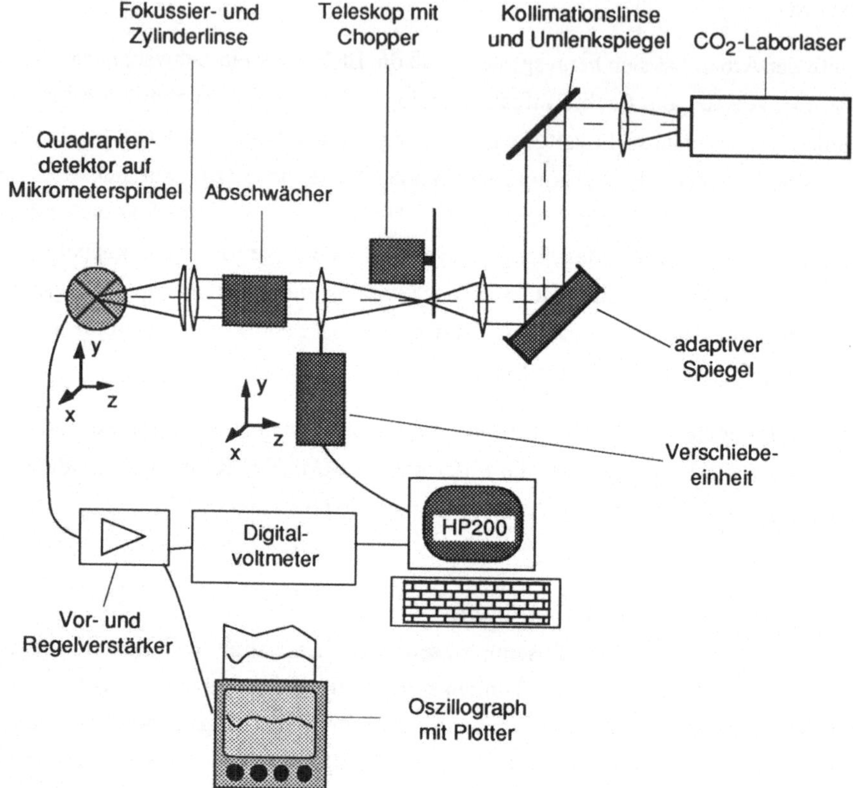

Bild 4.20: Versuchsaufbau des Sensorsystems im geschlossenen Regelkreis

Zur Verdeutlichung werden die Stellsignale K_X, K_Y und K_F, die an dem Ausgang des Regelverstärkers anliegen, von einem Speicheroszillographen aufgenommen. In diesem ist direkt ein Plotter eingebaut, der den aktuellen Bildschirminhalt zeichnen kann.

Das Programm, das im HP200 geladen ist, hat folgende Aufgaben:
- Einlesen der Meßwerte vom Digitalvoltmeter,
- Berechnen der Korrekturgrößen,
- Durchführung der Regelung und
- Ansteuern der Verstelleinheit.

Die erste und die vierte Aufgabe werden in Unterprogrammen ausgeführt. Hauptaufgabe ist die eigentliche Regelung. Im Flußdiagramm (Bild 4.21) ist der Programmablauf dargestellt.

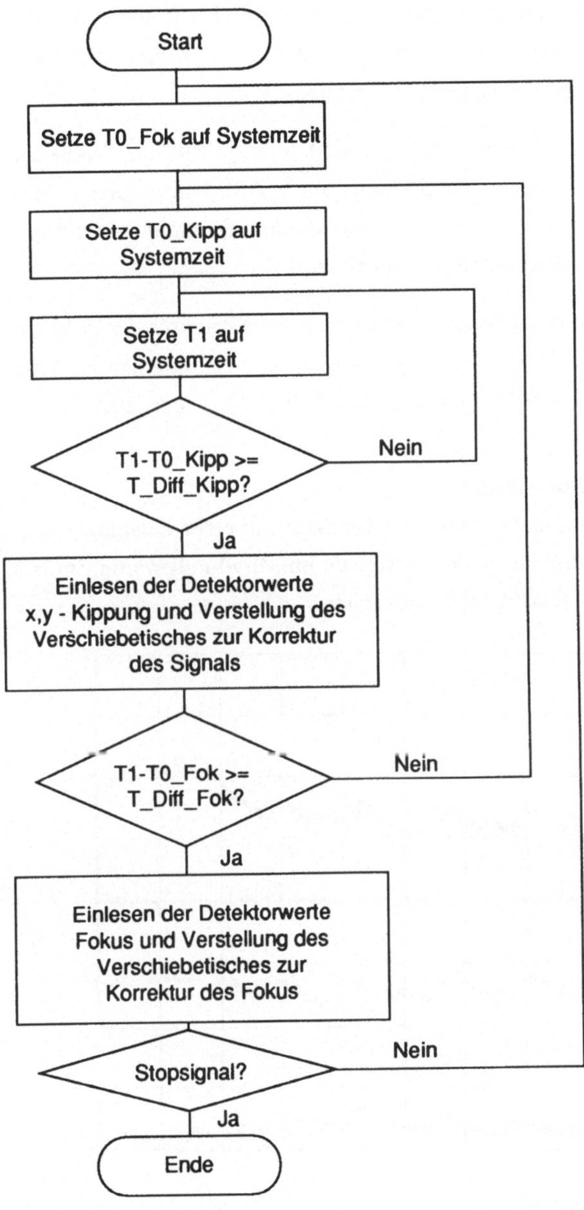

Bild 4.21: Flußdiagramm des Regelprogramms

Im Kapitel 4.1.4 wurde dargelegt, daß zunächst der Kippwinkel ausgeregelt sein muß, bevor die Fokussierung korrigiert werden kann. Das Programm hat dafür zwei verschiedene Zeitkonstanten, T_Diff_Kipp und T_Diff_Fok. Zum Beginn des Programms werden die Zeitpunkte der letzten Korrektur des Kippwinkels und des Fokusses, T0_Kipp und T0_Fok, auf Systemzeit gesetzt. In einer Warteschleife bleibt das Programm solange stehen, bis T1 mindestens T_Diff_Kipp größer als T0_Kipp ist. Dann wird das Sensorsignal gelesen und das Korrektursignal berechnet.

In einer anschließenden Abfrage wird analog mit der Fokussierung verfahren. Da T_Diff_Kipp mindestens 5mal kleiner als T_Diff_Fok gesetzt wird, wird der Kippwinkel wesentlich öfters geregelt als die Fokussierung. Dadurch ist der Kippwinkel immer korrigiert, sobald die Fokussierung geregelt wird.

Um das Programm zu beenden, wird nach der Korrektur der Fokussierung ein Stopsignal abgefragt. Wird dieses Stopsignal nicht eingegeben, beginnt das Programm den Regelzyklus von Neuem. Das Programm ist in HP-BASIC geschrieben.

4.3.3   Rauschmessung

Für die Rauschmessung wurde der Detektor mit einer Leistung von etwa 10mW bestrahlt und so justiert, daß die Korrektursignale im Mittel null waren. Im Bild 4.22 sind die Aufzeichnungen des Oszilographen zu sehen.

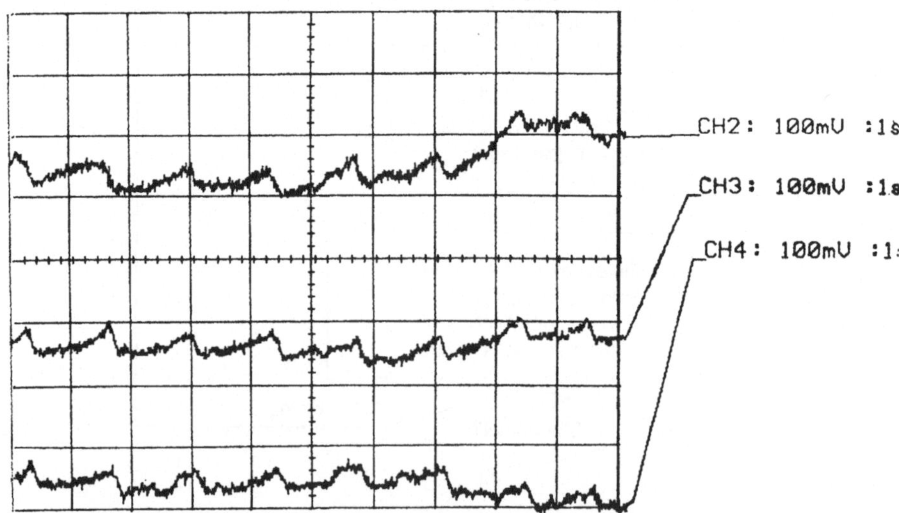

Bild 4.22: Rauschmessung an den Ausgängen des Regelverstärkers CH2 = K_X, CH3 = K_F, CH4 = K_Y

Der Aufzeichnung ist zu entnehmen, daß das Rauschen auf allen drei Kanälen etwa bei 50mV$_{SS}$ liegt. Allerdings ist das hochfrequente Rauschen, das nur etwa 10mV ausmacht, von einer niederfrequenten Störung überlagert. Falls es durch bessere Abschirmung gelingt, diese Störung zu beseitigen, kann das Rauschen auf etwa 10mV$_{SS}$ reduziert werden. In den folgenden Betrachtungen wird von diesem Wert ausgegangen.

4.3.4 Messung der Empfindlichkeit gegenüber Kippwinkel

Die nächste Messung betrifft die Empfindlichkeit des Sensors bzgl. des Winkels des Laserstrahls. Hierzu wurde das Regelprogramm so geändert, daß keine Korrektur des Kippwinkels und der Brennweite erfolgte. Der Kippwinkel des Laserstrahls wird durch eine Verschiebung des Detektors mit einer Mikrometerspindel erreicht. Der Kippwinkel wurde für beide Richtungen senkrecht zum Laserstrahl (x- und y-Richtung) gemessen. Aus dem Verschiebeweg des Detektors von -0,02 bis 0,02mm und der Brennweite der Fokussierlinse von 127mm errechnet sich der im Bild 4.23 aufgetragene Kippwinkel:

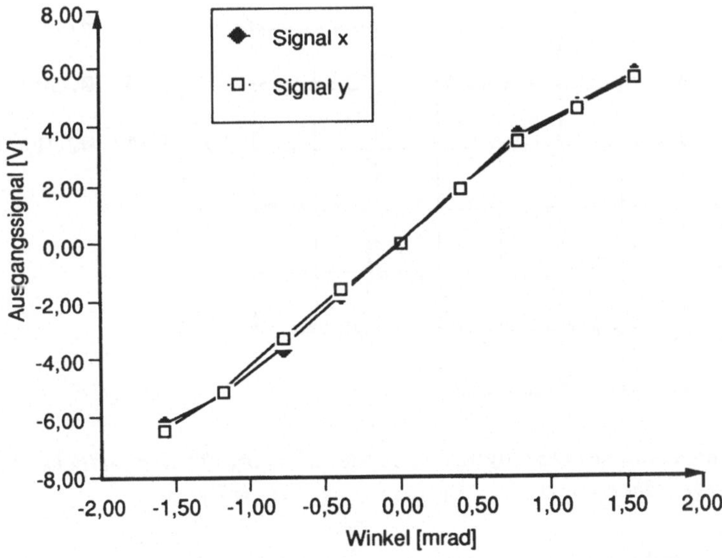

Bild 4.23: Empfindlichkeit des Sensorsystems auf Veränderung des Kippwinkels

Aus der Messung wird deutlich, daß das Sensorsystem im Bereich von -1,5 bis +1,5mrad ein Signal liefert, das zur Regelung geeignet ist. Das Signal ist hysteresefrei und weitgehend linear. Die Empfindlichkeit beträgt etwa 4,45V/mrad. Bei dem vorhandenen Rauschen von $10\,mV_{SS}$ entspricht dies einer Genauigkeit von 2μrad. Dies ist ein sehr guter Wert und reicht bei weitem für den Einsatz in einer Laserbearbeitungsmaschine aus.

4.3.5   Messung der Empfindlichkeit gegenüber Divergenzänderung

Zur Messung der Divergenzempfindlichkeit wurde das Regelprogramm so modifiziert, daß zwar der Kippwinkel, nicht aber die Brennweite korrigiert wurde. Die Veränderung der Brennweite wird durch die Druckänderung am adaptiven Spiegel erreicht. Da der adaptive Spiegel als 45°-Umlenkspiegel eingebaut ist, bewirkt eine Veränderung der Spiegelmembran auch eine Änderung des Kippwinkels. Deshalb wird der Regelkreis für den Kippwinkel aktiviert und gleicht so kleine Winkeländerungen sofort aus. Im Bild 4.24 ist die Aufzeichnung des Oszillographen zu sehen. .

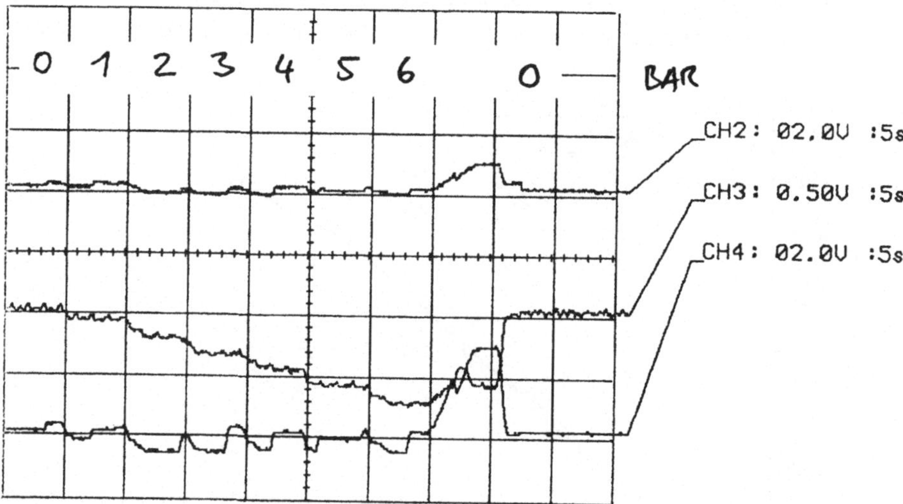

Bild 4.24: Aufzeichnung des Oszillographen bei der Messung der Empfindlichkeit bei Divergenzänderung, CH2 = K_X, CH3 = K_F, CH4 = K_Y

Die Messung wurde durchgeführt, indem der Druck alle fünf Sekunden um ein bar gesteigert wurde. Der Oszillograph wurde so eingestellt, daß eine Einheit 5s entspricht. In einer weiteren Messung wurden die Werte mit dem Voltmeter ermittelt und in ein Diagramm eingetragen (Bild 4.25).

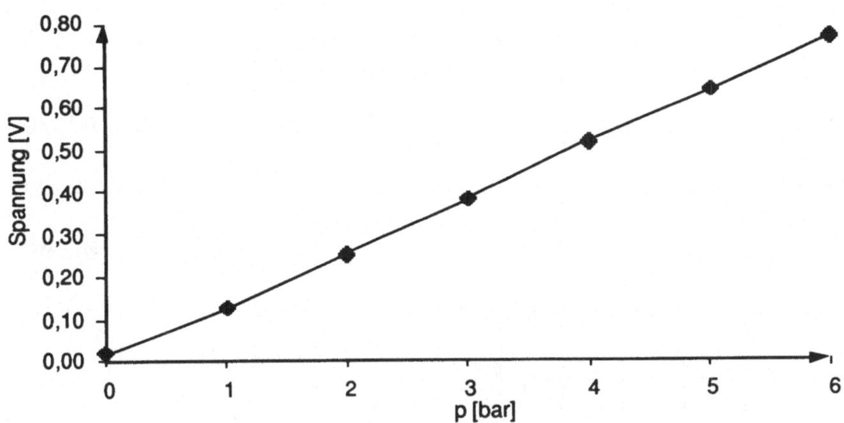

Bild 4.25: Empfindlichkeit des Meßverstärkers auf Divergenzänderung

Auch die Empfindlichkeit für die Divergenz ist nahezu linear, sie beträgt etwa 0,13V/bar.

Betrachtet man die Abhängigkeit der Verschiebung der Strahltaille von dem Spiegeldruck (siehe Kapitel 4.2.3) von 1bar/mm, kann die Empfindlichkeit der Anordnung auf Divergenzänderung mit etwa 0,13V/mm angegeben werden. Das entspricht einer Auflösung bzgl. der Position der Strahltaille von 0,4mm. Geht man wieder von dem erzielbaren Rauschen von 10mV aus, so ist die Auflösung besser als 0,1mm Brennweitenänderung bei einer Fokussierlinse mit einer Brennweite von 127mm.

4.3.6 Zeitverhalten des Regelkreises

Die abschließende Messung war die Untersuchung des Zeitverhaltens. Dazu wurde der Detektor nacheinander um ±0,1mm in x- und y-Richtung ausgelenkt. Das entspricht bei einer Brennweite von 127mm einem Kippwinkel β von:

$$\beta = \frac{0{,}1\text{mm}}{127\text{mm}} = 0{,}79 \text{ mrad} \qquad . \tag{4.14}$$

Im Bild 4.26 ist die Reaktion des Regelkreises zu sehen. Nach dem Verstellen zeigt sich zunächst deutlich der Ausschlag des jeweiligen Korrektursignals. Nach zwei Regelzyklen wird das Signal wieder auf null gebracht. Ein Regelzyklus ist an den Stufen in der Aufzeichnung zu erkennen (etwa 3s). Die sehr langsame Reaktion des Regelkreises wurde durch das Verhalten der Verschiebeeinheit und durch die geringe Rechengeschwindigkeit der Einheit PCs, digitale Voltmeter und Ansteuereinheit der Verschiebetische vorgegeben. Eine Realisierung mit einem Prozeßrechner würde die Reaktionszeit stark verkürzen.

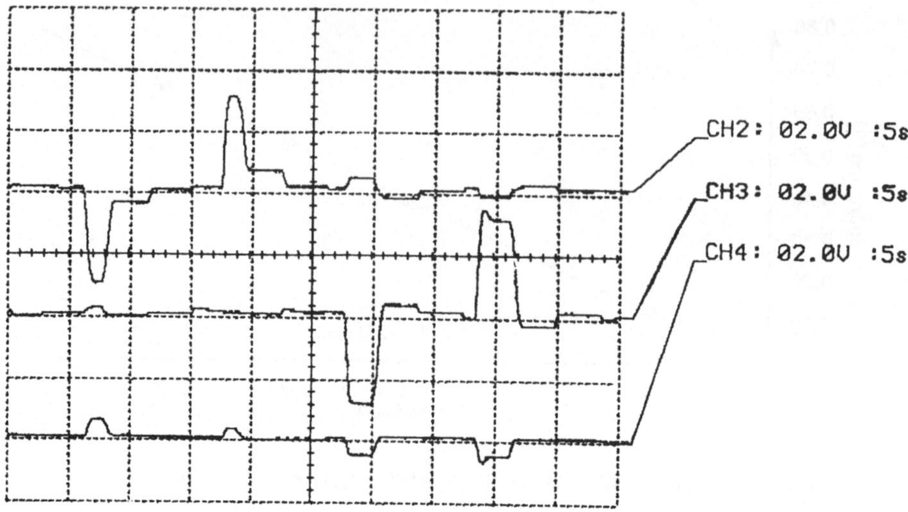

Bild 4.26: Reaktion des Regelkreises auf die Änderung des Kippwinkels in x- bzw. y-Richtung um 0,79mrad (CH2 = K_X, CH3 = K_Y, CH4 = K_F)

Mit diesen Messungen hat sich das vorgestellte Sensorsystem als geeignet für ein geregeltes Strahlführungssystem herausgestellt. Die Empfindlichkeiten für die Strahlparameter Winkel und Krümmungsradius sind ausreichend für einen Einsatz in der Lasermaterialbearbeitung. Für ein industrielles System muß der Sensor in einer möglichst kleinen und leichten Einheit integriert werden, damit er problemlos an der Fokussieroptik angebracht werden kann. Im folgenden Kapitel wird ein solches System vorgestellt.

5 Vorschlag für ein geregeltes Strahlführungssystem

Mit dem beschriebenen Strahlsensor als Meßwertaufnehmer und einem adaptiven Spiegel als Stellglied kann ein geregeltes Strahlführungssystem aufgebaut werden. Im folgenden werden ein Konzept und bestehende industrielle Komponenten vorgestellt und die Vorteile gegenüber ungeregelten Systemen anhand einer Rechnung erläutert.

5.1 Aufbau des Gesamtsystems

Bei nahezu jeder Materialbearbeitungsanlage hängt die Güte der Bearbeitung stark von der genauen Positionierung des Werkzeugs zum Werkstück ab. So ergibt z.B. eine Positionsvariation des Werkzeugs um den Sollwert während der Bearbeitung eines Werkstücks eine ungleichmäßige Schnittkante. Tritt die Positionsvariation in größeren Zeiträumen (z.B. Tagen) auf, schwankt die absolute Genauigkeit. Bei CNC-Maschinen mit mechanischen Werkzeugen wird die Genauigkeit durch Werkzeugvermessung, programmierte Werkzeugkorrektur und natürlich durch einen soliden mechanischen Aufbau bewerkstelligt. Der Arbeitspunkt (TCP) in Laseranlagen ist die Strahltaille im Fokusstrahlengang. Für Laseranlagen im allgemeinen und CO_2-Laseranlagen im besonderen ist die Problematik der Kurz- und Langzeitstabilität des TCP bis heute noch nicht befriedigend gelöst. In der Tabelle 5.1 sind die wichtigsten Ursachen für ein Wandern des TCP, deren Auswirkungen und die Erklärungen zusammengestellt:

Ursachen im Bereich der Strahlführung	Auswirkung auf die Strahltaille im Fokusstrahlengang	Erklärung
Verändern der Strahlweglänge von der Laserquelle bis zur Fokussieroptik	Wandern entlang der optischen Achse und Änderung der Intensität	Krümmungsradius und Ausleuchtung vor der Fokussieroptik ändern sich
Aufheizen von Transmissionsoptiken durch Absorption von Laserleistung oder Alterung des Auskoppelfensters	Wandern entlang der optischen Achse	Krümmungsradius vor der Fokussieroptik ändert sich
mechanisches Spiel der Umlenkspiegel	Wandern quer zur optischen Achse	Laserstrahl trifft unter einem Winkel auf Fokussieroptik auf

Tabelle 5.1:   *Ursachen des Wanderns der Strahltaille, deren Auswirkungen und Erklärungen bei CO_2-Laseranlagen*

Die auftretenden Abweichungen vom Sollwert liegen bei großen Portalanlagen in der Größenordnung von einigen zehntel Millimetern. Verglichen mit der Genauigkeit von mechanischen Bearbeitungsvorgängen wie z.B. Drehen oder Fräsen, wo auch bei großen Werkstücken Genauigkeiten im Mikrometerbereich möglich sind, ist das ein schlechter Wert, der die Anwendbarkeit des Lasers in der Materialbearbeitung einschränkt.

Durch ein geregeltes Strahlführungssystem kann hier Abhilfe geschaffen werden. Ein solches System hat die Aufgabe, den Strahl so zu führen und zu formen, daß der Ort der Strahltaille und die Intensität im Fokusstrahlengang kurz- und langfristig konstant bleiben. Durch die indirekte Messung (siehe Kap. 4.1.1) der Parameter, Strahlradius, Krümmungsradius der Wellenfront und Winkel des Laserstrahls zur optischen Achse, und ein geeignetes Stellglied wie z.B. ein Teleskop mit variabler Vergrößerung und nachgeschaltetem Kippspiegel ließen sich Ort und Größe der Strahltaille zeitlich fixieren. Diese Maximalforderung setzt aber einen großen Aufwand voraus und ist derzeit nicht mit einem vertretbaren Aufwand realisierbar.

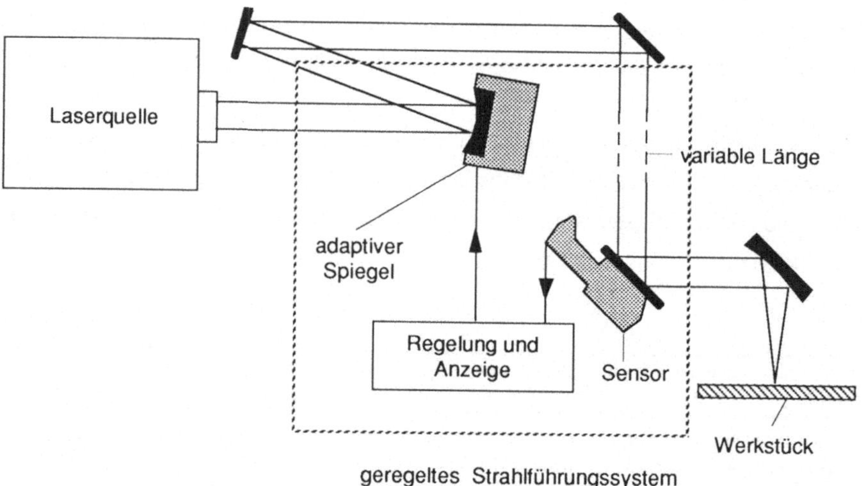

Bild 5.1:   Schema eines geregelten Strahlführungssystems

Eine kostengünstigere Lösung ist die Möglichkeit, nur den Ort der Strahltaille konstant zu halten. Hierzu ist lediglich die indirekte Messung des Krümmungsradius der Wellenfront und des Winkels zur optischen Achse notwendig. Diese Messung kann durch den im Kap. 4 beschriebenen Sensor erfolgen. Als Stellglied wird ein adaptiver Spiegel benötigt, dessen Krümmungsradius und Anstellwinkel der Spiegeloberfläche variabel sind. In Bild 5.1 ist das Schema eines geregelten Strahlführungssystems zu sehen.

Der Laserstrahl trifft von der Laserquelle kommend auf den adaptiven Spiegel. Danach wird er wie in herkömmlichen Strahlführungssystemen mit der benötigten Anzahl von

Umlenkspiegeln zu der Einheit Sensor-Fokussieroptik gelenkt. Wie im Kap. 4 schon gesagt, sollte der Sensor fest mit der Fokussieroptik verbunden werden, da Fehler, die nach dem Sensor auftreten, nicht mehr erfaßt werden können. Ein gemeinsames mechanisch stabiles Gehäuse ist empfehlenswert, um Winkelfehler auszuschließen.

Falls ein Umlenkspiegel durch Fehlstellung einen Winkelfehler in den Strahlengang einbringt, trifft der Strahl unter einem von null verschiedenen Winkel gegenüber der optischen Achse auf den Sensor und damit auf die Fokussieroptik. Ohne Regelung wäre die Strahltaille etwas zur Seite versetzt (Bild 4.1). Der Winkelfehler wird aber in der Regelelektronik in ein Stellsignal für den adaptiven Spiegel umgesetzt, und zwar so, daß die Spiegeloberfläche um den halben Winkel in die Gegenrichtung ausgelenkt wird. Damit wird der Strahl durch den adaptiven Spiegel zunächst gegen den Fehler ausgelenkt. Sobald er auf den Umlenkspiegel mit der Fehlstellung trifft, wird er so reflektiert, daß der Strahl wieder parallel zur optischen Achse weiterläuft. Er ist dann zwar um einen bestimmten Betrag zur optischen Achse parallel verschoben, was aber den Ort der Strahltaille nach der Fokussieroptik nicht beeinflußt.

Eine Veränderung des Krümmungsradius der Wellenfront an der Fokussieroptik durch Verfahren der "fliegenden Optik" oder durch andere Ursachen (Tab. 5.1) wird dadurch ausgeregelt, daß der adaptive Spiegel nicht gekippt, sondern seine Spiegeloberfläche sphärisch verformt wird. Dadurch wird der Ort der Strahltaille auch in axialer Richtung konstant gehalten.

In den Kapiteln 5.2 bis 5.4 werden industrielle Prototypen von Komponenten eines geregelten Strahlführungssystems vorgestellt. Die Vorteile gegenüber herkömmlichen Anlagen werden am Beispiel einer Portalanlage in Kapitel 5.5 erläutert.

5.2 Bauweise des Sensors

Der Sensor sollte möglichst klein sein, da er in dem Gehäuse der Fokussieroptik integriert wird. Da dies das Teil ist, das an der Hand eines Roboters oder an der letzten Achse eines Portals angebracht ist, muß es auch leicht sein. Bezüglich der Größe muß ein vernünftiger Kompromiß gefunden werden, da die Baulänge in die erzielbare Genauigkeit eingeht. Wird nämlich eine astigmatische Linsenkombination mit großer mittlerer Brennweite eingesetzt, verursacht eine Winkeländerung eine entsprechend große Ablage, die wiederum auf dem Quadrantendetektor gut zu messen ist.

Da die Fokussieroptik Beschleunigungen bis zu 2g ausgesetzt wird, muß der Sensor eine genügende Steifigkeit haben. Ansonsten wird durch die Verbiegung des Gehäuses ein

Fehlsignal verursacht. Eine Realisierung, die beiden Ansprüchen gerecht wird, ist in Bild 5.2 zu sehen.

Bild 5.2:   *Kompakter Sensor zur Messung von Kippwinkel und Divergenz [20]*

Mit einer gesamten Baulänge von 220mm und einem Gewicht von 1,8kg sind die o.g. Forderungen hinreichend gut erfüllt. Wenn man bedenkt, daß durch die Ausführungsform als 45°-Umlenkspiegel ein Planspiegel und eine Fassung eingespart werden, beträgt das zusätzliche Gewicht weniger als 1kg.

Durch eine interne Umlenkung wird der Meßstrahl in einem Tubus an der Rückseite des Auskoppelspiegels entlang geführt. Dieser Tubus steht einschließlich der Verstärkerelektronik lediglich 120mm über den Umfang des Auskoppelspiegels hinaus. Der Einbau erfolgt so, wie im Bild 5.1 angedeutet, daß der Sensor wenig zusätzlichen Platz in Richtung Werkstück benötigt und die Bewegungsfreiheit der Fokussieroptik nicht wesentlich einschränkt. Dies ist besonders bei der 3D-Bahnbearbeitung an komplexen Objekten wichtig.

Der Sensor ist für eine Laserleistung bis 10kW geeignet. In der derzeitigen Ausführung werden die Signale im Sensor verstärkt und analog herausgeführt. Da die kleinen Spannungen über eine Länge von bis zu 30m zur Regelelektronik übertragen werden müssen, ist eine gewisse Störanfälligkeit gegenüber elektrischen Feldern gegeben. In der nächsten Ausbaustufe werden deshalb die Signale schon im Sensor digitalisiert und mit einem

selbstkorrigierenden Protokoll übertragen. Damit ist eine problemlose Anbindung auch
über große Entfernungen möglich.

5.3 Stellglieder

Die Stellglieder haben die Aufgabe, sowohl den Winkel, als auch die Divergenz des Laserstrahls entsprechend den Vorgaben der Regelelektronik zu beeinflussen. Es gibt im allgemeinen zwei verschiedene Möglichkeiten, dies zu bewerkstelligen: Die Korrektur durch
mehrere Modalspiegel oder durch einen Kombinationsspiegel. Modalspiegel sind Spiegel,
die einen optischen Freiheitsgrad korrigieren können. Für den vorliegenden Fall wären
zwei Modalspiegel für den Winkel, sogenannte Kippspiegel, und einer für die Divergenz
nötig. Zum Beispiel ist der druckgesteuerte adaptive Spiegel, der für die Labormessungen
verwendet wurde, ein Modalspiegel für die Divergenz.

Um die Anzahl der zusätzlichen Spiegel zu minimieren und um eine einheitliche Ansteue-
rung zu erhalten, wird ein Kombinationsspiegel vorgeschlagen, bei dem sowohl die Spiegeloberfläche in beiden Richtungen gekippt als auch die Oberflächenkrümmung verändert
werden kann [16]. Die Verstellung der Spiegeloberfläche des im Bild 5.3 gezeigten
Spiegels wird über drei Piezoaktuatoren erreicht. Diese greifen am Rand des Spiegels über
einen Verstellring an (Bild 5.4). Gleichzeitig wird das Spiegelzentrum durch einen Zugstab
ortsfest gehalten. Dadurch ergibt sich bei gleichphasiger Auslenkung der Aktuatoren eine
Krümmung der Oberfläche, bei gegenphasiger Auslenkung eine Winkeländerung.

Der Arbeitsbereich ist durch die Materialeigenschaften der Spiegeloberfläche und den Hub
der Piezoaktuatoren begrenzt. Die Spannungen, die durch die Verformung in der Spiegelmembran auftreten, müssen unterhalb der Dauerschwingfestigkeitsgrenze liegen. Dies ist
durch eine passende Auslegung der mechanischen Größen und eine geeignete Material-
wahl zu erreichen. Bei dem im Bild 5.4 gezeigten adaptiven Spiegel ist der minimale
Krümmungsradius durch den Maximalhub der Aktuatoren von 75μm festgelegt. Bei einem
Durchmesser der Spiegeloberfläche von 80mm wird ein minimaler Krümmungsradius von
10m erreicht.

Für das Ausführungsbeispiel werden piezokeramische Aktuatoren verwendet, weil eine
Auslenkung einfach durch Anlegen einer Spannung erreicht wird. Die elektrischen Stellsignale, die aus der Regelelektronik kommen, müssen lediglich auf die Betriebsspannung
der Piezoaktuatoren verstärkt werden. Zudem sind Piezoaktuatoren nahezu verschleißfrei,
reagieren sehr schnell auf Spannungänderungen und können große Kräfte aufbringen. Um
eine Grundjustage zu ermöglichen, ist die gesamte Einheit, Spiegel, Verstellring und Piezoaktuatoren, innerhalb des Gehäuses zusätzlich von Hand justierbar.

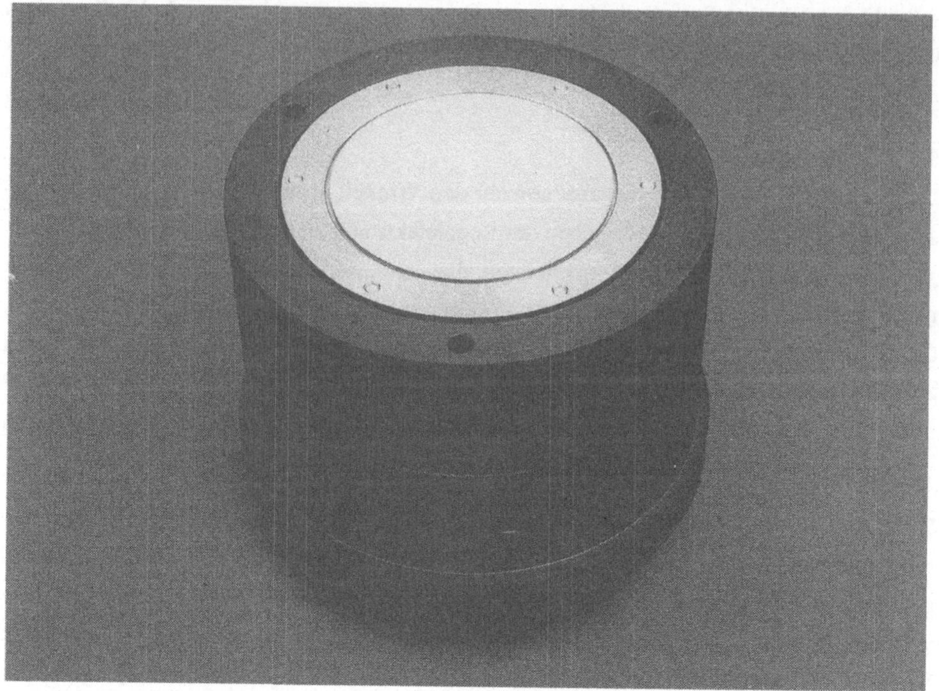

Bild 5.3:   Adaptiver Spiegel zur Korrektur von Verkippung und Divergenz [20]

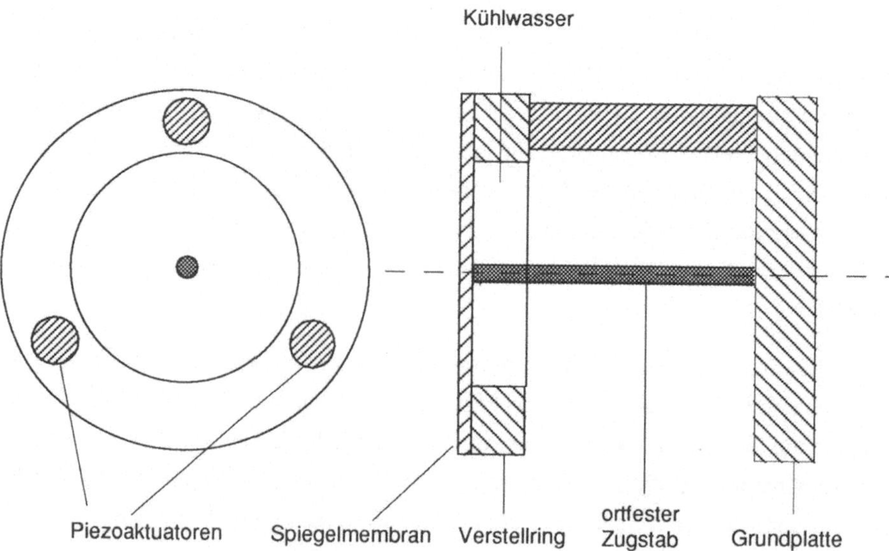

Bild 5.4:   Aufbau des adaptiven Spiegels

Um die auf der Spiegeloberfläche absorbierte Laserstrahlung abzuführen, wird der Spiegel auf der Rückseite vollflächig gekühlt. Dabei ist darauf zu achten, daß sich im Gegensatz zu dem adaptiven Spiegel, der im Kap. 4.2.3 beschrieben wurde, kein nennenswerter Druck im Kühlwasser aufbaut, der den Spiegel nach außen biegen kann.

5.4 Regelsystem

Die Regelelektronik muß ein proportional-integrales Regelverhalten haben. Das bedeutet, daß bei einem auftretenden Fehler eine Auslenkung erfolgen muß, die proportional dem Fehler ist (Proportinalteil). Gleichzeitig muß die Auslenkung beibehalten werden, sobald der gemessene Fehler auf null zurückgeht (Integralteil).

In dem vorliegenden System ist die Regelelektronik digital aufgebaut. Das hat den Vorteil, daß neben der einfachen Anpassung der Regelparameter auch eine Schnittstelle zu der Steuerung der Laserbearbeitungsanlage ermöglicht wird. Im Bild 5.5 ist die Anzeige der Regelelektronik zu sehen.

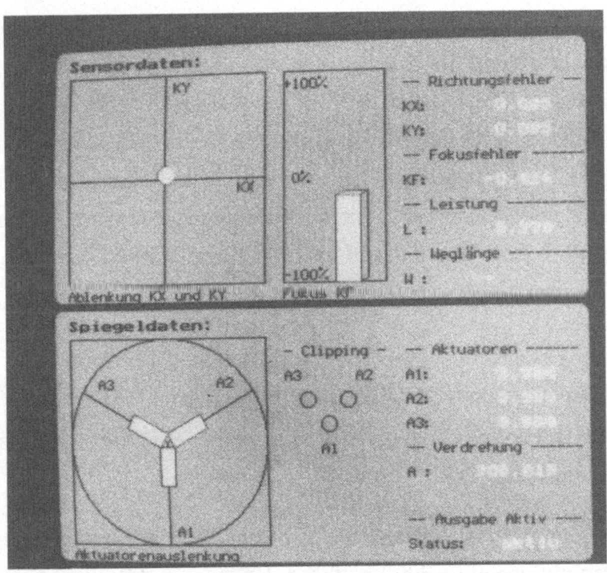

Bild 5.5:   Anzeige der Regelelektronik [20]

Aus Geschwindigkeitsgründen werden die Aufgaben Regelung und Anzeige von zwei verschiedenen Prozessoren ausgeführt. Die schnelle Berechnung der Stellsignale übernimmt ein Signalprozessor. Die Anzeige und die Kommunikation mit der Systemsteuerung erledigt ein Industrie-PC. Beide sind über einen Rechnerbus gekoppelt.

Die Regelelektronik hat zwei Betriebsarten: Regelung und Justierung. In der Betriebsart Regelung wird der adaptive Spiegel entsprechend dem geforderten Regelverhalten angesteuert. In dieser Betriebsart sollte der Sensorfehler immer mit null angezeigt werden. Zu sehen ist nur die aktuelle Stellung des adaptiven Spiegels. Sobald der Fehler im Strahlführungssystem so groß wird, daß er nicht mehr korrigiert werden kann, wird eine Warnung ausgegeben. Dies ist der Fall, sobald mindestens einer der drei Piezoaktuatoren an seinem Maximal- oder Minimalhub angelangt ist. In diesem Fall ist eine manuelle Nachjustierung der Anlage notwendig.

Zur Justierung und Kontrolle der Anlage wird die Betriebsart Justierung gewählt. Der adaptive Spiegel wird dabei in Ruhestellung gebracht. Auf der Anzeige ist lediglich der Fehler dargestellt, den der Sensor sieht. Damit hat man eine gute Unterstützung bei der Feinjustage der Anlage.

Zu Betriebsbeginn wird ein Testzyklus durchlaufen, der den adaptiven Spiegel einmal ganz durchsteuert und die Stellsignale mit den Meßwerten am Sensor vergleicht. Dabei wird auch die Zuordnung der Koordinatensysteme von Spiegel und Sensor bestimmt. Hierbei ist noch eine Besonderheit zu beachten: Das Regelsystem kann nur dann einwandfrei funktionieren, falls sich die Winkelzuordnung des Sensors und des adaptiven Spiegels in der Laserbearbeitungsanlage nicht ändert. Wird jedoch der Teil der Anlage, an dem der Sensor montiert ist, um die optische Achse des Laserstrahls gedreht, muß jede Änderung von der Systemsteuerung an die Regelelektronik weitergegeben werden. Da die Winkelgeschwindigkeiten in der Regel kleiner als 360°/s sind, läßt sich die Kommunikation über eine serielle Schnittstelle bewerkstelligen. In dem Regelalgorithmus wird dann laufend der aktuelle Winkel eingerechnet, um die Zuordnung herzustellen.

5.5   Anwendungsbeispiel eines geregelten Strahlführungssystems

Im folgenden wurden Berechnungen angestellt, die die Wirkung einer adaptiven Optik mit Sensorik in einer Laserbearbeitungsanlage hat.

Im Bild 5.6 ist ein 5-Achsen-Portal zum Laserschweißen von Autodächern zu sehen. Dieses Portal hat einen Arbeitsraum von etwa 3000 x 2000 x 1000mm und ist eine Anlage mit "fliegender Optik". Die Fokussieroptik ist an der letzten Achse montiert. Der Laserstrahl eines 5-kW-Lasers wird mit Hilfe von mehreren Umlenkspiegeln in Faltenbalgen entweder innerhalb oder parallel zu den Achsen geführt.

Bild 5.6:   5-Achsen-Portal zum Laserschweißen von Autodächern [20]

Der große Arbeitsraum bedingt eine maximale Änderung der Strahlweglänge von 6000mm. Dadurch ergibt sich eine erhebliche Schwankung des Ortes der Strahltaille im Fokusstrahlengang, wenn die Fokussieroptik im ganzen Arbeitsbereich bewegt wird. Wie das folgende Beispiel zeigt, kann dieser Effekt mit einer an einer geeigneten Stelle plazierten adaptiven Optik vermieden werden.

Für die Rechnung wurden die Daten gemäß Tab. 5.2 verwendet. Die Werte des 5-kW-Laser sind die eines handelsüblichen Lasers [24], die optimalen Entfernungen (Laser - adaptiver Spiegel - Fokussieroptik) wurden in mehreren Iterationen ermittelt.

Strahltaille	8mm
Entfernung Strahltaille - adaptiver Spiegel	1000mm
Entfernung adaptiver Spiegel - Fokussieroptik	2000mm ... 8000mm
Brennweite der Fokussieroptik	250mm

Tabelle 5.2:   Entfernungen und Kenndaten für das Berechnungsbeispiel

In dem Berechnungsbeispiel liegt die Strahltaille in der Nähe des Auskoppelfensters. Danach kommt der adaptive Spiegel, der wiederum so nahe an dem Portal aufgestellt ist, daß die minimale Entfernung bis zur Fokussieroptik 2m beträgt. Wird die Fokussieroptik an die entfernteste Ecke des Arbeitsbereichs gefahren, beträgt diese Entfernung 8m. Die Fokussieroptik besteht aus einem off-axis-Paraboloid mit der Brennweite 250mm. Im Bild 5.7 ist das Schema des Strahlengangs dargestellt.

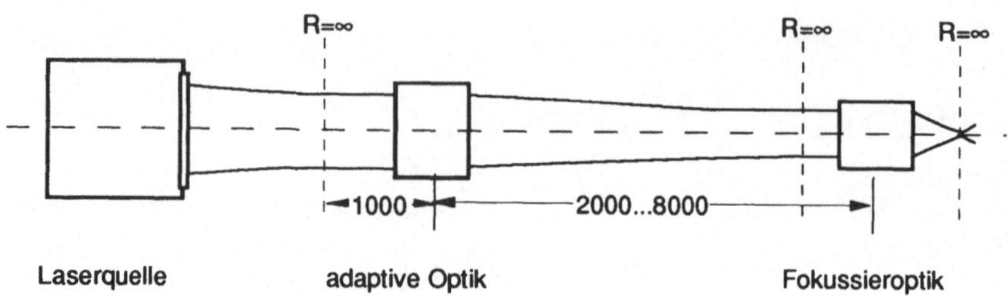

Bild 5.7:   Schema des berechneten Strahlengangs

Im dargestellten Strahlengang gibt es drei Strahltaillen: Die erste befindet sich in der Nähe des Auskoppelfensters, die zweite vor der Fokussieroptik und die dritte hinter der Fokussieroptik. Die zweite Strahltaille wird durch die fokussierende Wirkung des adaptiven Spiegels erreicht und hat zwei Effekte: Erstens bleibt der Strahlengang bis zur Fokussieroptik "schlank" und wird dadurch nicht durch die begrenzte lichte Weite des Strahlführungssystems abgeschattet. Zweitens kann durch die Nachführung der Strahltaille der Krümmungsradius vor der Fokussieroptik konstant (nämlich auf unendlich) gehalten werden und dadurch liegt die Strahltaille im Fokusstrahlengang immer in derselben Entfernung von der Fokussieroptik.

Daß der Krümmungsradius auch immer unendlich ist, dafür sorgt das Regelsystem. Der Strahlsensor, der in der Fokussieroptik integriert ist, mißt permanent den Krümmungsradius. Liegt die Strahltaille auf dem Strahlsensor, so ist der Krümmungsradius unendlich. Dies ist die Sollstellung. Sobald sich die Fokussieroptik von der Strahltaille wegbewegt, wird ein positiver oder negativer Krümmungsradius gemessen. Der adaptive Spiegel muß dann entsprechend nachgestellt werden, was durch die Regelelektronik geschieht.

Es hat sich bei den Berechnungen gezeigt, daß der adaptive Spiegel in der Nähe einer Strahltaille aufgestellt werden muß. Das ist aufgrund der begrenzten Krümmungsradien, die der adaptive Spiegel einzustellen fähig ist, unabdingbar. Stünde der Spiegel nämlich an einem Ort, wo die Wellenfront einen kleinen Krümmungsradius hat, so hätte die kleine Veränderung, die der adaptive Spiegel der Wellenfront aufprägen kann, keinen großen Einfluß auf den weiteren Strahlverlauf.

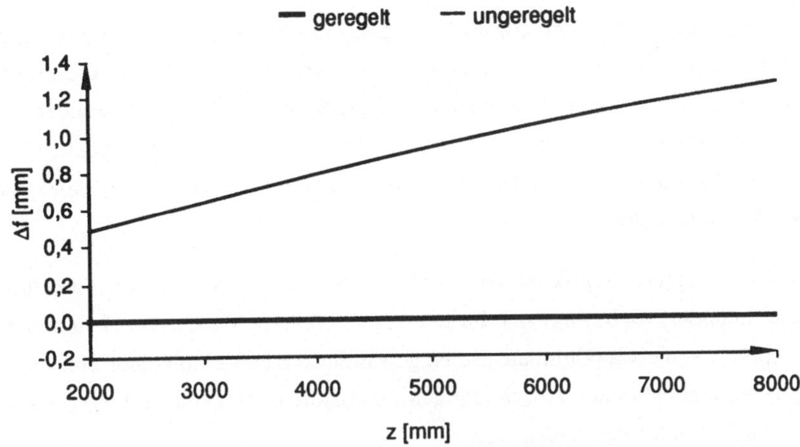

Bild 5.8:   *Abhängigkeit des Ortes der Strahltaille im Fokusstrahlengang Δf von der Strahlweglänge z mit und ohne adaptive Optik*

In Bild 5.8 ist die Verschiebung der Strahltaille im Fokusstrahlengang Δf ohne und mit adaptiver Optik gegenüber der Propagationslänge z aufgetragen. Während der Ort der Strahltaille im gesamten Arbeitsbereich für den geregelten Fall ortsfest bleibt, verschiebt er sich im ungeregelten Fall um fast einen Millimeter (Gl. 2.18).

Durch die veränderte Ausleuchtung (Gl. 2.17) bleibt allerdings die Intensität in der Strahltaille auch im Fall des geregelten Strahlführungssystem nicht konstant. Die Variation innerhalb des Arbeitsraums beträgt etwa 24%. Dieser Wert kann durch eine gezielte Dejustierung des adaptiven Spiegels in Abhängigkeit der Strahlweglänge so verändert werden, daß keine Variation mehr auftritt. Hierzu ist lediglich eine Kopplung mit der Systemsteuerung notwendig, die zu jeder Zeit die aktuelle Strahlweglänge an die Regelelektronik des adaptiven Spiegels meldet.

Beim Einsatz der adaptiven Optik hat der Strahl im gesamten Arbeitsbereich annähernd denselben Durchmesser; w_0 bewegt sich im Bereich von 8,0mm bis 7,1mm. Geht man von einer freien Apertur von etwa 60mm aus, so ist gewährleistet, daß es in keiner Stellung der Fokussieroptik zu maßgeblichen Abschattungen und damit zu Beugungseffekten kommt, die im Kap. 3 ausführlich beschrieben wurden.

Durch diese Berechnungen wird deutlich, daß ein geregeltes Strahlführungssystem konstante Betriebsbedingungen ermöglicht. Als weiterer Vorteil kommt hinzu, daß die Korrektur des Winkelfehlers die Bahngenauigkeit der Laseranlage erheblich erhöht. Dies ist ein wichtiger Punkt für das 3D-Bahnschweißen. Wird z.B. auf einer Anlage eine

Durch die veränderte Ausleuchtung (Gl. 2.17) bleibt allerdings die Intensität in der Strahltaille auch im Fall des geregelten Strahlführungssystem nicht konstant. Die Variation innerhalb des Arbeitsraums beträgt etwa 24%. Dieser Wert kann durch eine gezielte Dejustierung des adaptiven Spiegels in Abhängigkeit der Strahlweglänge so verändert werden, daß keine Variation mehr auftritt. Hierzu ist lediglich eine Kopplung mit der Systemsteuerung notwendig, die zu jeder Zeit die aktuelle Strahlweglänge an die Regelelektronik des adaptiven Spiegels meldet.

Beim Einsatz der adaptiven Optik hat der Strahl im gesamten Arbeitsbereich annähernd denselben Durchmesser; w_0 bewegt sich im Bereich von 8,0mm bis 7,1mm. Geht man von einer freien Apertur von etwa 60mm aus, so ist gewährleistet, daß es in keiner Stellung der Fokussieroptik zu maßgeblichen Abschattungen und damit zu Beugungseffekten kommt, die im Kap. 3 ausführlich beschrieben wurden.

Durch diese Berechnungen wird deutlich, daß ein geregeltes Strahlführungssystem konstante Betriebsbedingungen ermöglicht. Als weiterer Vorteil kommt hinzu, daß die Korrektur des Winkelfehlers die Bahngenauigkeit der Laseranlage erheblich erhöht. Dies ist ein wichtiger Punkt für das 3D-Bahnschweißen. Wird z.B. auf einer Anlage eine Bahnkurve zum Schneiden oder Schweißen programmiert und auf einer anderen gleichartigen Anlage abgefahren, sorgt ein geregeltes Strahlführungssystem für die gleiche Justierung auf beiden Anlagen.

Bei der Wartung der Anlage ist der Strahlsensor ebenfalls sehr hilfreich. Dazu wird die Anzeige in den Betriebszustand "Justierung" geschaltet (Kap. 5.4) und ist so eine wertvolle Hilfe bei der Feinjustage. Man ist dadurch nicht mehr auf die präzise Justierung des Pilotlasers angewiesen, sondern kann den Hochleistungslaserstrahl direkt messen.

Der Strahlsensor bietet auch die Möglichkeit, die Voraussetzungen für einen erfolgreichen Bearbeitungsprozeß zu überwachen. In der Regelelektronik wird ein Toleranzfeld bezüglich Verkippung, Divergenz und Leistung programmiert. Verläßt der Laserstrahl während der Bearbeitung dieses Toleranzfeld, so kann die Regelelektronik über eine Kopplung zur Systemsteuerung die Bearbeitung stoppen und eine Wartung veranlassen.

Eine Laserportalanlage mit einem 5kW-Laser verteuert sich bei einem Preis von ca. 1,5Mio. DM durch ein geregeltes Strahlführungssystem um etwa 4%. Durch die aufgezählten Vorteile erscheinen die höheren Kosten gerechtfertigt, da das Einsatzspektrum der Anlage erweitert werden kann (Bahngenauigkeit) und die Bearbeitungsgeschwindigkeit steigt (stabile Lage der Strahltaille). Diese Vorteile greifen allerdings nur bei der sorgfältigen Plazierung der adaptiven Optik und einer genauen Strahlengangsauslegung.

6 Zusammenfassung und Ausblick

Mit Hilfe eines Programms, das das Fresnel-Kirchhoffsche-Integral numerisch löst, wurden Beugungseffekte berechnet, die in einem Strahlführungssystem auftreten können. Dabei wurden die Intensitätsschwankungen im Freistrahl und im Fokusstrahlengang untersucht. Ergänzend zu bisherigen Ergebnissen zeigt sich, daß die Intensitätsschwankungen im Fokusstrahlengang wesentlich größer als im Freistrahl sind. Diese Schwankungen können die Ursache für unterschiedliche Bearbeitungsergebnisse sein, die beim Verfahren einer "fliegenden Optik" auftreten. Die Ergebnisse zeigen deutlich, daß eine sorgfältige Auslegung des Strahlführungssystems notwendig ist (Kap. 3.6).

Gleichzeitig machen die Ergebnisse klar, daß bei veränderlichen Strahlwegen eine Adaption des Laserstrahls an den jeweiligen Strahlweg im Strahlführungssystem sinnvoll ist. Ein solche Adaption kann mit einem geregelten Strahlführungssystem, das aus einem Strahlsensor, einem adaptiven Spiegel und einer Regelelektronik besteht, erfolgen.

Mit den Laboruntersuchungen (Kap. 4) wurde die prinzipielle Funktionstüchtigkeit eines geregelten Strahlführungssystems unter Beweis gestellt. Derzeitiger Stand der Entwicklung ist die Realisierung von industriell einsetzbaren Prototypen (Sensor, adaptiver Spiegel, Kap. 5). Damit ist die Grundlage geschaffen, um weitergehende Untersuchungen eines geregelten Strahlführungssystems im Einsatz in der Lasermaterialbearbeitung durchzuführen.

Der nächste Schritt ist die Integration in eine Anlage und der Betrieb unter Industriebedingungen. Zu untersuchen ist dabei der Einfluß von verschiedenen Moden auf die Zuverlässigkeit des Systems. Da der Strahl immer unter Fernfeldbedingungen untersucht wird (der Meßstrahl wird durch die erste Linse fokussiert), dürften Intensitätsschwankungen im Nahfeld die Messungen nicht beeinflussen. So ist das Verfahren auch für Laserstrahlen anwendbar, die in instabilen Resonatoren erzeugt werden.

Probleme könnten hier lediglich Moden bereiten, die keine rotationssymmetrische Verteilung haben (z.B. eine TEM_{01}-Mode). Bei der Bestimmung der Divergenz würde dann ein Fokusfehler ausgewiesen werden, da die Sektoren 1 und 3 des Quadrantendetektors mit mehr Intensität als die Sektoren 2 und 4 beaufschlagt wären. In der Regel treten aber solche Moden nicht auf oder der Wechsel ist wie bei der Donut-Mode mit einigen MHz viel schneller als die Abtastfrequenz des Detektors, die bei etwa 2kHz liegt. Damit ist die gemessene Intensitätsverteilung rotationsymmetrisch.

Ein weiterer Schritt ist die Untersuchung der Prozeßtauglichkeit. Wie im Kap. 4.2 erläutert wurde, verursacht der Strahlteilerspiegel in Reflexion, d.h. auch im Arbeitsstrahl, ein Beugungsmuster. Diese Intensitätsverteilung muß im praktischen Betrieb erprobt werden. Vermutlich wird sie beim Schweißen keine Rolle spielen, da dort die Anforderungen an die Strahlqualität nicht so hoch sind. Die Effekte beim Schneiden, insbesondere beim Brennschneiden, werden wahrscheinlich stärker ausfallen. Insgesamt ist in einer Versuchsreihe, die die verschiedenen Applikationen der Lasermaterialbearbeitung (Schneiden, Schweißen, Härten, Formabtragen etc.) abdeckt, zu ermitteln, inwieweit sich die höheren Kosten für ein geregeltes Strahlführungssystem durch bessere Leistungen rechtfertigen lassen.

Ebenfalls ein Feld von Untersuchungsmöglichkeiten ist die bewußte Beeinflussung des Strahls mit der adaptiven Optik über die eigentliche Regelung hinaus. Falls man von der Systemsteuerung die aktuelle Strahlweglänge kennt, kann man den Strahl so verändern, daß die Intensität in einer bestimmten Entfernung von der Fokussieroptik konstant bleibt. Dazu wird zunächst der Laserstrahl im gesamten Arbeitsbereich des Strahlführungssystems vermessen. Diese Daten werden in einem Kennfeld in der Regelelektronik abgespeichert und während des Betriebs mit der aktuellen Strahlweglänge und den Meßdaten des Sensors verglichen. Die Realisierung mit einer digitalen Regelelektronik läßt solche Möglichkeiten offen.

Eine andere Möglichkeit besteht darin, das geregelte Strahlführungssystem zusätzlich mit einem Sensor, der den Abstand der Fokussieroptik zum Werkstück mißt, zu koppeln. Dann würde anstelle der zusätzlichen Achse, die die Fokussieroptik in Strahlrichtung verschiebt, lediglich die Brennweite in einem gewissen Bereich geändert. Vorteil wäre eine Gewichtsreduzierung am Ende des Strahlführungssystems. Auch eine schnellere Reaktionsmöglichkeit auf Unebenheiten ist damit gewährleistet, da der adaptive Spiegel schneller als eine mechanische Achse ist.

Die aufgezeigten Möglichkeiten machen deutlich, daß ein hohes Entwicklungspotential bei geregelten Strahlführungssystemen vorhanden ist. Die zu erwartenden Qualitätssteigerungen rechtfertigen auf alle Fälle den Aufwand und können eventuell das Einsatzspektrum der Lasermaterialbearbeitung erheblich erweitern.

7 Literatur

[1] Hügel, H.: Hochleistungslaser in der Fertigungstechnik,
Fertigungstechnisches Kolloquium FTK88, S. 121-133, Springer Verlag Berlin
Heidelberg New York (1988)

[2] Hügel, H.:*Vorlesungsskript Lasertechnologie I + II,*
Institut für Strahlwerkzeuge, Universität Stuttgart (1989)

[3] Kogelnik, H., Li, T.: *Laser Beams and Resonators,*
Applied Optics, Vol. 5, Nr. 10, S. 1550 (1966)

[4] Boyd, G.B., Gordon, J.P.:
Bell System Tech. J., Vol. 40, S. 489 (1961)

[5] Goubau, G., Schwering, F.:
IRE Trans. Antennas Propagation, Vol. 9, S. 248 (1961)

[6] Siegman, A.: *Lasers,*
University Science Books, Mill Valley (1986)

[7] Alonso, M., Finn, E.: *University Physics, Vol II, Fields and Waves,*
Addison Wesley (1967)

[8] Bea, M., Borik, S., Giesen, A.: *Adaptive Optik für CO_2-Hochleistungslaser,*
Vorträge des 9. Internationalen Kongresses, Laser 89 Optoelektronik, Springer
Verlag, Berlin Heidelberg New York, S. 446 (1989) und
Deutsches Bundespatent DE 3900467 A1

[9] Born, M., Wolf, E.: *Principles of Optics, 6. Ausgabe,*
Pergamon Press (1986)

[10] Nussbaum, A., Phillips, R.:
Contemporary Optics for Scientists and Engineers,
Prentice Hall (1976)

[11] Siegman, A., Sziklas, E.:
Applied Optics, Vol. 13, S. 2775 (1974)

[12] Gorriz, M., Giesen, A., Borik, S.:
*Meß-Verfahren und Vorrichtung zur dreidimensionalen Lageregelung des Brenn-
punktes eines Hochenergie-Laserstrahls,* Anmeldung zum Deutschen Bundespatent
P 40 12 927.6-33 (1990)

[13] Harvey, J.E., Scott, M.L.: *Hole grating beam sampler - a versatile high energy laser (HEL) diagnostic tool,*
SPIE, Vol. 240, S. 232 (1980)

[14] Feustel, O., Schmidt, W.: *Sensorhalbleiter und Schutzelemente,*
Vogel-Verlag (1982)

[15] Wagner, H. P., Borik, S., Giesen, A.:
Änderungen der Eigenschaften optischer Komponenten bei Bestrahlung, Vorträge
des 9. Internationalen Kongresses, Laser 89 Optoelektronik, Springer Verlag, Berlin
Heidelberg New York, S. 789 (1989)

[16] Gorriz, M. , Thalmair, K., Schätz, P.:
Einrichtung zur Winkel- und Brennweitenkorrektur,
Anmeldung zum Deutschen Bundespatent P 40 29 075.1-51 (1990)

[17] Zoske, U., Giesen, A., Hügel, H.: *Strahlformung von CO_2-Lasern,*
Vorträge des 9. Internationalen Kongresses, Laser 89 Optoelektronik, Springer
Verlag, Berlin Heidelberg New York, S. 98 (1989)

[18] - : *Prospekt RS5000,*
Rofin-Sinar, Hamburg

[19] - : *Prospekt TLF 5000,*
Trumpf Lasertechnik, Ditzingen

[20] - : Werkphoto, Messerschmitt-Bölkow-Blohm GmbH, Ottobrunn

[21] - : *Laser und Laseranlagen, Grundbegriffe der Lasertechnik,*
Vornorm DIN V 18730, Beuth Verlag Berlin (1991)

[22] Sommerfeld, A.; *Vorlesungen über theoretische Physik,*
Band VI - Optik, Akademische Verlags Gesellschaft (1964)

[23] Belland, P., Crenn, J.P.: *Changes in the characteristics of a Gaussian beam weakly
diffrated by a circular aperture,*
Applied Optics, Vol. 21, S. 527 (1982)

[24] Rothe, R., Zierau, M. :
Laserstrahlqualität als Auswahlkriterium für CO_2-Laserschweißanlagen
Schlußbericht AIF Nr. 7501, Bremer Institut für angewandte Strahltechnik, Bremen
(1990)

8   Anhang

8.1   Programm zur Berechnung der Gaußschen Strahlparameter

Das Programm GAUSSBEAM führt eine Berechnung der Gaußschen Strahlparameter Krümmungsradius der Wellenfront R und Strahlradius w durch. Nach jeder Eingabe werden die Größe der Strahltaille w_0 und der Abstand zur Strahltaille ausgegeben. Als Anfangsparameter können entweder der Krümmungsradius der Wellenfront R und der Strahlradius w oder Strahlradius w und die Divergenz θ eingeben werden. Das Programm berechnet dann intern zur weiteren Berechnung den komplexen Strahlparameter q.

Der Gaußsche Strahl kann entweder durch eine Linse der Brennweite f oder durch die Eingabe einer Propagationslänge beeinflußt werden. Die Wellenlänge ist standardmäßig auf 10,6µm eingestellt, kann aber vom Benutzer geändert werden. Die Berechnung erfolgt gemäß den Gl.n 2.8 bis 2.12.

```
c2345678901234567890123456789012345678901234567890123456789012345678890
c       FILE    : GAUSSBEAM.FOR
c       USE     : Berechnen der Strahlparameter eines Gausstrahls
c                 Die Variablen werden eingeben und immer angezeigt
c
c       DATUM   : 12.09.89
c       CREATOR : Gorriz
c
c -----------------------------------------------------------------
c
c Einzulesende Daten :
c -------------------
c L             Wellenlaenge
c R             Kruemmungsradius
c W0            Strahltaille
c W             Strahlradius
c F             Brennweite
c DIST          Propagationsentfernung
c THETA         Fernfeldwinkel
c
c
c Interne Variablen :
c -------------------
c Q             komplexer Strahlparameter
c PI            Pi
c CHOOSE        Wahlparameter
c Z             Entfernung
c
c Output :
c -------
c Die Ausgabe erfolgt auf die Standardausgabe
c
c Input :
c ------
c Die Eingabe erfolgt von der Standardeingabe.
c
        program gaussbeam
```

```fortran
      real l, r, t, f, z, dist, pi, theta, w, w0
      integer choose
      complex q,j
      data l/10.6e-4/, j/(0.,1.)/
      common /beam/ l,pi
c
c Definition pi
c
      pi=4*atan(1.)
c
c Lesen der Eingabedaten
c
 10   continue
      print *, 'Wahl (0-Ende,1-R+w,2-Dist.,3-Linse,4-Lambda,5-th+w:)'
      accept *, choose
c
c Bestimmung Qo
c
      if (choose.eq.1) then
        print *, 'Kruemmungsradius?'
        accept *, r
        print *, 'Strahlradius?'
        accept *, w
        q=cmplx(1./r,-l/pi/w**2)
        q=1./q
        call showq(q)
c
c Fortpflanzung dist
c
      elseif (choose.eq.2) then
        print *, 'Distanz?'
        accept *, dist
        q=q+cmplx(dist,0.)
        call showq(q)
c
c Linse
c
      elseif (choose.eq.3) then
        print *, 'Brennweite?'
        accept *, f
        q=1./q-1./cmplx(f,0.0)
        q=1./q
        call showq(q)
c
c Wellenlaenge
c
      elseif (choose.eq.4) then
        print *, 'Wellenlaenge?'
        accept *, l
        call showq(q)
c
c theta + w
c
      elseif (choose.eq.5) then
        print *, 'Fernfeldwinkel?'
        accept *, theta
        print *, 'Strahltaille? (def=1cm)'
        accept *, w
        w0=l/pi/theta
        z=pi*w0**2/l*sqrt((w/w0)**2-1.)
        r=z*(1.+(pi*w0**2/l/z)**2)
```

```
      q=cmplx(1./r,-1/pi/w**2)
      q=1./q
      call showq(q)
   endif
   if (choose.ne.0) goto 10
   end


   subroutine showq(q)
   common /beam/ l,pi
   real l,pi,zip
   data zip /1.e-20/,j/(0.,1.)/
   complex q,j,qc
   qc=conjg(q)
   if (abs(real(q+qc)).lt.zip) then
     print *, 'Kruemmungsradius : unendlich'
   else
     print *, 'Kruemmungsradius :',real(2.*q*qc/(q+qc))
   endif
   print *, 'Strahlradius     :',real(sqrt(2.*j*l*q*qc/(q-qc)/pi))
   print *, 'Strahltaille     :',real(sqrt(j*l*(qc-q)/2./pi))
   print *, 'Pos. bzgl Taille :',real((q+qc)/2.)
   return
   end
```

8.2 Propagationsprogramm

Das Programm SLOWPROP dient zur Transformation von beliebigen Strahlquerschnitten.
Es führt die Propagation nach dem Verfahren des diskretisierten Fresnel-Kirchhoffschen
Integrals durch (Kap. 2.2.1) und simuliert den Durchgang durch eine dünne Linse. Als
Hilfsfunktion ist das Laden und Speichern von Strahlquerschnitten von externen Datenträ-
gern implementiert.

Das Hauptprogramm reserviert den Speicherplatz für die Variablen, interpretiert die eingegebenen Befehle und liest die notwendigen Variablen ein. Bei Bedarf können weitere Befehle hinzugefügt werden. Die Struktur ist selbsterklärend. Das Programm ist so ausgelegt,
daß es sowohl im Dialog, als auch im Stapelbetrieb bedient werden kann.

Um eine größtmögliche Portabilität zu erreichen, werden alle Felder, in denen der Strahlquerschnitt abgespeichert wird, im Hauptprogramm definiert und als dynamische Parameter an die Unterprogramme weitergegeben. Dadurch kann durch einfache Änderung des
Parameters NMAX der Speicherplatz den Erfordernissen angepaßt werden. Der Einfach-
keit halber wurde bei den Algorithmen angenommen, daß die Matrixdimensionen gerad-
zahlig sind.

Im folgenden werden die einzelnen Unterprogramme detailliert beschrieben. Um die Identifizierung der Variablen zu erleichtern, werden in den folgenden Formeln die Variablen-
namen verwendet. Durch die Kurzkommentare im Quelltext und den folgenden, vom
Quelltext getrennten Erläuterungen wurde die bestmögliche Übersicht gewahrt.

Das Unterprogramm PROP führt eine Propagation des Strahlquerschnitts durch. In der Zielebene können entweder ein einziger Punkt, eine Linie oder die gesamte Fläche berechnet werden. Diese Option ist aus Gründen der Rechenzeitersparnis vorhanden. So genügt bei einem rotationssymmetrischen Strahlquerschnitt die Berechnung einer Linie durch die optische Achse.

Der Strahlquerschnitt wird in zwei Matrizen, Intensität und Phase, übergeben. Im folgenden wird der sprachlichen Einfachheit halber der Ausgangsstrahlquerschnitt Original und der Ergebnistrahlquerschnitt Bild genannt. Die verschiedenen Variablen und Laufindizes sind, soweit sinnvoll, nach einem einheitlichen System bezeichnet. Der letzte Buchstabe kennzeichnet die Richtung, also X oder Y. Der zweitletzte Buchstabe ist die Kennzeichnung, ob es sich um eine Variable des Originals (O) oder des Bildes (B) handelt. Die ersten Buchstaben kennzeichnen Laufvariablen (I), den Abstand zwischen zwei Gitterpunkten (U=Unit) oder die Dimension der Matrix (N). Die Laufvariable des Bildes in x-Richtung heißt demnach IBX.

Die Dimensionen und die Einheiten des Originals und des Bildes können verschieden sein (Bild 8.1), damit die Auflösung, d.h. die Anzahl der Punkte pro von null verschiedener Fläche, auch bei einem konvergenten oder divergenten Strahl konstant gehalten werden kann.

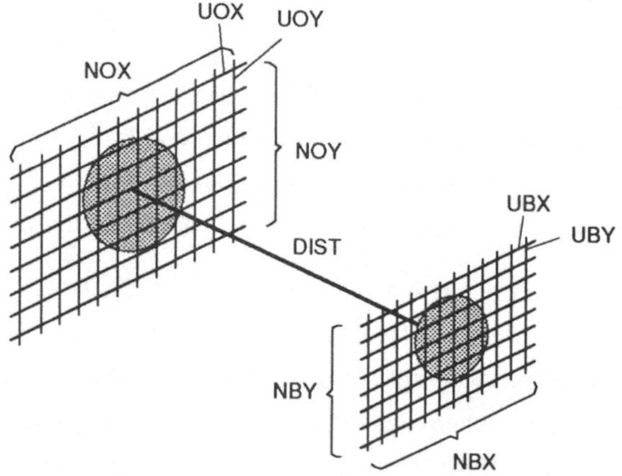

Bild 8.1:   Matrizen und Dimensionen des Originals und des Bildes

Will man im Bild nur einen einzigen Punkt, NBX=NBY=1, oder eine Linie, NBX oder NBY=1, berechnen, kann der Ort dieser Linie mit SX bzw. SY angegeben werden. Dabei ist DIST die Entfernung und WELL die Wellenlänge. Abhängig von der Wahl, ob nur ein

Punkt, eine Linie oder die gesamte Fläche in der Bildebene berechnet werden soll, werden verschiedene Schleifen durchlaufen. Im folgenden wird die Berechnung der gesamten Bildfläche beschrieben.

Das Programm nimmt als Strahlmittelpunkt (=optische Achse) den Punkt NOX/2+1 bzw. NOY/2+1 an. Die Matrix der Intensitätswerte I wird in Amplituden umgewandelt. Hierzu wird lediglich die Quadratwurzel aus jedem Wert gezogen:

$$A = \sqrt{I} \qquad . \tag{8.1}$$

Nun wird der Abstand von jedem Originalpunkt zu jedem Bildpunkt berechnet und im Bildpunkt alle Phasen aufaddiert. In zwei Schleifen (IBX und IBY) wird der gesamte Bildbereich abgedeckt. Innerhalb dieser Schleifen werden zunächst die beiden Hilfsfelder BILDR und BILDI auf null gesetzt. Die Abstände des jeweils berechneten Bildpunktes von den Achsen werden entweder berechnet, falls NBX bzw. NBY größer als eins sind, oder vom Aufruf übernommen:

$$SX = (IBX\text{-}MBX)\cdot UBX \tag{8.2}$$

$$SY = (IBY\text{-}MBY)\cdot UBY \qquad . \tag{8.3}$$

In einer weiteren Schleife über I wird die Entfernung eines Bildpunktes zu allen Originalpunkten berechnet. Hierbei werden die Abstände eines jeden Originalpunktes von den Achsen benötigt. Mit einfachen Operationen bekommt man die Werte für IOX und IOY:

$$IOX = I \bmod NOX \tag{8.4}$$

$$IOY = I \operatorname{div} NOX \qquad . \tag{8.5}$$

Der Abstand D von dem betrachteten Bildpunkt zu dem Originalpunkt beträgt dann:

$$D = \sqrt{[SX\text{-}(IOX\text{-}MOX)\cdot UOX]^2 + [SY\text{-}(IOY\text{-}MOY)\cdot UOY]^2 + DIST^2} \qquad . \tag{8.6}$$

Die Entfernung wird multipliziert mit der Wellenzahl K und auf die Anfangsphase addiert, um die Phase PHIR am Bildpunkt zu erhalten:

$$PHIR = PHASE(I) + D \cdot K \qquad . \tag{8.7}$$

Aus dieser und der entsprechenden Normierung werden dann Real- und Imaginärteil in der Bildebene pro Originalpunkt berechnet und zu dem schon berechneten Bildpunkt addiert:

$$BILDR = \sum_{\text{Originalpunkte}} \frac{INTEN}{D}\left(1 + \frac{DIST}{D}\right)COS(PHIR) \tag{8.8}$$

$$\text{BILDI} = \sum_{\text{Originalpunkte}} \frac{\text{INTEN}}{D} \cdot \left(1 + \frac{\text{DIST}}{D}\right) \text{SIN(PHIR)} \qquad . \qquad (8.9)$$

Um die Berechnung zu beschleunigen, wird der Faktor vor dem Kosinus bzw. Sinus nur einmal berechnet. Sei A_{max} das Maximum aus Original- und Bildbreite, so erhält man aus (8.6) durch Näherung:

$$D \approx \text{DIST} \cdot \left(1 + \left(\frac{A_{max}}{\text{DIST}}\right)^2\right) \qquad . \qquad (8.10)$$

Nur bei kleinen Entfernungen DIST ist der quadratische Faktor in der Klammer nennenswert von null verschieden. Für DIST $\gg A_{max}$ kann der Faktor 1+DIST/D auch gleich 2 gesetzt werden.

Die Schleife über I könnte man auch als zwei Schleifen ausführen. Allerdings ist eine Schleife unter Berücksichtigung eines Vektorrechners wesentlich günstiger, da die eine Schleife dann öfters durchlaufen wird und so die Prozessorpipeline optimaler gefüllt wird. Diese Schleife muß aber an den jeweiligen Rechnertyp angepaßt werden.

Danach wird in einer Schleife (I) über den Bildbereich die Darstellung Real- und Imaginärteil in den Hilfsfeldern in die Darstellung Intensität und Phase des Originals transformiert, wobei die Intensität noch mit einem Faktor normiert wird:

$$\text{INTEN} = \left(\frac{\text{UOX} \cdot \text{UOY}}{2 \cdot \text{WELL}}\right)^2 \cdot (\text{BILDR}^2 + \text{BILDI}^2) \qquad (8.11)$$

Die Phase ist

$$\text{PHASE} = \text{ARCTAN}\left(\frac{\text{BILDI}}{\text{BILDR}}\right) \qquad (8.12)$$

Dabei muß die Quadranteninformation über die Abfrage des Vorzeichens von BILDR und BILDI gewonnen werden. Danach wird die Intensität mit dem Normierungsfaktor (Gl. 2.24) multipliziert.

Im Unterprogramm LINSE wird in einer Schleife über das ganze Original eine sphärische Phase addiert (Gl. 3.3). Die sonstigen Parameter und Variablen sind analog wie im Programm PROP.

In den Unterprogrammen INPUT und OUTPUT werden die Daten in folgendem Format gelesen und geschrieben.

1. Zeile: nox noy uox uoy well 0.0 0.0 0.0

2. Zeile: Inten(0,0)   Phase(0,0) ...   Inten(0,noy-1)   Phase(0,noy-1)

...   .

nox-te Zeile: Inten(nox-1,0)   Phase(nox-1,0) ...   Inten(nox-1,noy-1)   Phase(nox-1,noy-1)

Die erste Zeile enthält Informationen über die Größe der Matrix. In den folgenden Zeilen stehen die Wertepaare Intensität und Phase jeweils in aufsteigender y-Reihenfolge pro Zeile. Alle Werte sind im einfachen Format (REAL*4) und durch Leerzeichen getrennt abgespeichert.*

Ein weiteres Unterprogramm CREATE erzeugt einen Laserstrahl mit Hermite-Gauß-Moden bis zur Ordnung drei. Der Krümmungsradius ist frei wählbar.

Für die Berechnungen des Kap. 3 wurden Schnitte des Strahls in verschiedenen Abständen vom Original gemacht. Das Unterprogramm SCHNITTE führt diesen Vorgang mit einem Aufruf aus und normiert dabei auch ggf. mit einem Gaußstrahl.

```
C2345678911234567892123456789312345678941234567895123456789612345678 97
      program slowprop
      parameter (nmax=128)
      real*8 inten(nmax,nmax), phase(nmax,nmax)
      real*8 buf1(nmax,nmax), buf2(nmax,nmax)
      real*8 buf3(nmax,nmax), buf4(nmax,nmax)
      real*8 buf5(nmax,nmax), buf6(nmax,nmax)
      character*1 befehl
      integer i,nox,noy,lx,ly
      integer nschnitte,nxy
      real*8 uox,uoy,well,fokus,dist,sx,sy,gdist
      real*8 dist1,dist2,distt
      real*8 w,r
C
C Eingabeschleife
C
 1000 continue
      write(6,*) 'C/reate, I/n, L/inse, P/rop, O/ut, S/chnitte,'
      write(6,*) 'E/xit :'
      read(5,2000) befehl
 2000 format (a)
      if(befehl.eq.'c') then
        write(6,*) 'Strahltaille w(z):'
        read(5,*) w
        write(6,*) 'Kruemmungsradius R(z):'
        read(5,*) r
        write(6,*) 'Wellenlaenge lambda:'
        read(5,*) well
```

---

* Dieses Format wird von dem Programm GLAD V benutzt, einem käuflichen Programm, das Wellenfrontberechnungen auf der Basis der FFT (Fast Fourier Transformation) durchführt.

```fortran
      write(6,*) 'Ordnung in x- und y-Richtung (lx,ly):'
      read(5,*) lx,ly
      write(6,*) 'Matrix-Groessen (nox,noy):'
      read(5,*) nox,noy
      write(6,*) 'Einheiten (uox,uoy):'
      read(5,*) uox,uoy
      call create(inten,phase,nox,noy,uox,uoy,w,r,lx,ly,well)
      gdist=0.
    else if(befehl.eq.'i') then
      call input(inten,phase,nox,noy,uox,uoy,well)
      gdist=0.
    else if(befehl.eq.'l') then
      write(6,*) 'Brennweite:'
      read(5,*) fokus
      call linse(inten,phase,nox,noy,uox,uoy,well,fokus)
    else if(befehl.eq.'p') then
      write(6,*) 'Zieldimension nbx,nby:'
      read(5,*) nbx,nby
      write(6,*) 'Zieleinheiten ubx,uby:'
      read(5,*) ubx,uby
      write(6,*) 'Zu berechnende Zielorte:'
      read(5,*) sx,sy
      write(6,*) 'Entfernung:'
      read(5,*) dist
      call prop (inten,phase,buf1,buf2,nox,noy,uox,uoy,
     &            nbx,nby,ubx,uby,well,sx,sy,dist)
      nox=nbx
      noy=nby
      uox=ubx
      uoy=uby
      gdist=gdist+dist
    else if(befehl.eq.'o') then
      call output(inten,phase,nox,noy,uox,uoy,well)
    else if(befehl.eq.'s') then
      write(6,*) 'Distanz des 1. Schnitts:'
      read(5,*) dist1
      write(6,*) 'Distanz des 2. Schnitts:'
      read(5,*) dist2
      write(6,*) 'Anzahl Schnitte:'
      read(5,*) nschnitte
      write(6,*) 'Lage der Schnitte (sx,sy):'
      read(5,*) sx
      write(6,*) 'Taille w0 des aequ. Gaussstrahls (0.=keine Norm.):'
      read(5,*) w
      write(6,*) 'Entfernung von Strahltaille w0:'
      read(5,*) distt
      write(6,*) 'Lage der Schnitte (0=x,1=y):'
      read(5,*) nxy
      call schnitte (inten,phase,buf1,buf2,buf3,buf4,buf5,buf6,
     &            nox,noy,uox,uoy,well,dist1,dist2,nschnitte,
     &            sx,w,distt,nxy)
    else if(befehl.eq.'m') then
      call spiegel(inten,phase,nox,noy)
    endif
    if(befehl.ne.'e') goto 1000
    end
```

```fortran
      subroutine prop (inten,phase,bildr,bildi,nox,noy,uox,uoy,
     &                 nbx,nby,ubx,uby,well,sx,sy,dist)
C*****************************************************************
C  Name          : PROP
C  Programmierer : M. Gorriz
C  Datum         : 20.10.88
C  Ziel          : Berechnung einer Welle in bestimmter Entfernung
C                  durch Approximation des Fresnel-Kirchhoff Integrals
C  Eingabe       : INTEN = reelle Matrix, Original-Intensitaet
C                  PHASE = reelle Matrix, Original-Phase
C                  BILDR, BILDI = Zwischenspeicher mit Dimension wie INTEN
C                  NOX,NOY = Dimension von Original in x,y;sollte gerade sein
C                  UOX,UOY = Abstand zweier Punkte in cm
C                  NBX,NBY,UBX,UBY analog fuer Ergebnismatrix
C                  WELL = Wellenlaenge in cm
C                  SX,SY = Angabe von Punkt/Linie falls NBX oder NBY = 1
C                  DIST = Entfernung, ueber die propagiert wird
C  Ausgabe       : INTEN, PHASE = das Bildfeld in Entfernung DIST
C  Aenderungen   :
C*****************************************************************
C
C Vereinbarung der Uebergabevariablen
C
      integer nox,noy,nbx,nby
      real*8 inten(0:nox*noy-1),phase(0:nox*noy-1)
      real*8 bildr(0:nbx*nby-1),bildi(0:nbx*nby-1)
      real*8 uox,uoy,ubx,uby
      real*8 well
      real*8 sx,sy
      real*8 dist
C
C Mitte der Arrays
C
      integer mox,moy,mbx,mby
C
C Laufvariablen
C
      integer iox,ioy,ibx,iby
      integer i,j
C
C Zwischenergebnisse und Hilfsvariablen
C
      real*8 d,phir,k,pi,faktor
      real*8 norm
C
C Initialisierung
C
      pi=4.*datan(dble(1.))
      k=2*pi/well
C
C Die Mitte der Arrays ist bei N.../2
C
      mox=nox/2
      moy=noy/2
      mbx=nbx/2
      mby=nby/2
C
C Umrechnung Intensitaet => Amplitude
C
      do 10 i=0,nox*noy-1
        inten(i)=sqrt(inten(i))
```

```fortran
   10    continue
C
C Schleife ueber den gesamten Bildbereich und Berechnung von bildr,bildi
C
        do 20 iby=0,nby-1
          if (nby.ge.2) sy=(iby-mby)*uby
          do 30 ibx=0,nbx-1
            j=ibx+iby*nbx
            bildr(j)=0.0
            bildi(j)=0.0
            if (nbx.ge.2) sx=(ibx-mbx)*ubx
            do 40 i=0,nox*noy-1
              d=sqrt((sx-(mod(i,nox)-mox)*uox)**2+
     &              (sy-( i/nox     -moy)*uoy)**2+
     &              dist**2)
              phir=phase(i)+d*k
              faktor=inten(i)/d*(1.0+dist/d)
              bildr(j)=faktor*cos(phir)+bildr(j)
              bildi(j)=faktor*sin(phir)+bildi(j)
   40       continue
   30     continue
   20   continue
C
C Zuordnung von bildr und bildi nach inten und phase
C
        norm=(uox*uoy/well/2.0)**2
        do 50 i=0,nbx*nby-1
          inten(i)= bildr(i)**2+bildi(i)**2
          if(abs(bildr(i)).gt.0.0) then
            phase(i)=abs(atan(bildi(i)/bildr(i)))
            if (bildi(i).ge.0.0.and.bildr(i).le.0.0) then
              phase(i)=pi-phase(i)
            else if (bildi(i).le.0.0.and.bildr(i).le.0.0) then
              phase(i)=phase(i)+pi
            else if (bildi(i).le.0.0.and.bildr(i).ge.0.0) then
              phase(i)=2*pi-phase(i)
            endif
          else if(bildi(i).ne.0.0) then
            phase(i)=pi/2.
          else
            phase(i)=0.0
          endif
          inten(i)=inten(i)*norm
   50   continue
        return
        end


        subroutine create(inten,phase,nox,noy,uox,uoy,w,r,lx,ly,well)
C***********************************************************************
C  Name        : CREATE
C  Programmierer: M. Gorriz
C  Datum        : 28.03.89
C  Ziel         : Erzeugung einer Wellenfront mit Gaussprofil der Ordnung n
C  Eingabe      : NOX,NOY = Dimension von Original in x,y;sollte gerade sein
C                 UOX,UOY = Abstand zweier Punkte in cm
C                 W = Strahltaille
C                 R = Kruemmungsradius
C                 LX,LY = Ordnung in x- und y-Richtung
C                 WELL = Wellenlaenge in cm
C  Ausgabe      : INTEN, PHASE = berechnete Intensitaet und Phase
```

```
C  Aenderungen  : 24.05.90 Einfuehrung von Unterscheidung, falls
C                          R>=1.e20. In diesem Fall wird die Phase auf
C                          0 gesetzt
C******************************************************************************
C
C Vereinbarung der Uebergabevariablen
C
      integer nox,noy,lx,ly
      real*8 inten(0:1),phase(0:1)
      real*8 uox,uoy
      real*8 well
      real*8 w,r
C
C Mitte der Arrays
C
      integer mox,moy
C
C Laufvariablen
C
      integer i
C
C Zwischenergebnisse und Hilfsvariablen
C
      real*8 k,pi,pio2,w2,x,y,amplfak,phasefak,hnxy
C
C Groesster Wert fuer R, falls R > rmax wird phase auf null gesetzt
C
      real*8 rmax
      data rmax /9.99999e19/
C
C Initialisierung
C
      pi=4.*atan(1.)
      pio2=pi/2.
      w2=sqrt(2.0)
      k=2*pi/well
C
C Die Mitte der Arrays ist bei N.../2
C
      mox=nox/2
      moy=noy/2
C
C Die Unterscheidung r > oder < als rmax kommt ausserhalb der Schleife
C um eine Vektorisierung nicht zu stoeren.
C
      if (r.gt.rmax) then
C
C Schleife ueber das ganze Original
C
          amplfak=sqrt(2.0/(2**lx*2**ly*fak(lx)*fak(ly)*pi))/w
          do 100 i=0,nox*noy-1
            x=(mod(i,nox)-mox)*uox
            y=(   i/nox  -moy)*uoy
            hnxy=hn(w2/w*x,lx)*hn(w2/w*y,ly)
            inten(i)=(amplfak*hnxy*exp((-x*x-y*y)/w**2))**2
            phase(i)=dsign(dble(1.),hnxy)*pio2
  100     continue
      else
C
C Schleife ueber das ganze Original
C
```

```fortran
      amplfak=sqrt(2.0/(2**lx*2**ly*fak(lx)*fak(ly)*pi))/w
      phasefak=(lx+ly+1)*atan(pi*w*w/r/well)
      do 200 i=0,nox*noy-1
        x=(mod(i,nox)-mox)*uox
        y=(    i/nox   -moy)*uoy
        hnxy=hn(w2/w*x,lx)*hn(w2/w*y,ly)
        inten(i)=(amplfak*hnxy*exp((-x*x-y*y)/w**2))**2
        phase(i)=phasefak-k/2.0/r*(x*x+y*y)+
     &              dsign(dble(1.),hnxy)*pio2
200       continue
      endif
      return
      end


      function fak(n)
C****************************************************************************
C  Name          : FAK
C  Programmierer: M. Gorriz
C  Datum         : 29.03.88
C  Ziel          : Berechnet die Fakultaet der natuerlichen Zahl n
C  Eingabe       : N = Eingabezahl
C  Ausgabe       : FAK = N! als reelle Zahl
C  Aenderungen   :
C****************************************************************************
C
C Vereinbarung der Uebergabevariablen
C
      integer n
      real*8 fak
      fak=1.
      do 10 i=2,n
        fak=fak*i
10    continue
      return
      end


      function hn(x,n)
C****************************************************************************
C  Name          : HN
C  Programmierer: M. Gorriz
C  Datum         : 29.03.88
C  Ziel          : Berechnet das n-te Hermitesche Polynom der
C                  Ordnung n der Zahl x
C  Eingabe       : X = Polynomargument
C                  N = Ordnung
C  Ausgabe       : HN = Ergebnis
C  Aenderungen   :
C****************************************************************************
C
C Vereinbarung der Uebergabevariablen
C
      integer n
      real*8 hn,x
      if (n.eq.0) then
        hn=dble(1.0)
      else if (n.eq.1) then
        hn=2.*x
      else if (n.eq.2) then
        hn=4.*x**2-2.
```

```fortran
      else if (n.eq.3) then
        hn=8.*x**3-12.*x
      endif
      return
      end


      subroutine linse (inten,phase,nox,noy,uox,uoy,well,fokus)
C******************************************************************
C  Name         :  LINSE
C  Programmierer:  M. Gorriz
C  Datum        :  20.10.88
C  Ziel         :  Beaufschlagung einer Welle mit einer Phase, die einem
C                  Durchgang durch eine sphaerische Linse entspricht.
C  Eingabe      :  INTEN = reelle Matrix, Original-Intensitaet
C                  PHASE = reelle Matrix, Original-Phase
C                  NOX,NOY = Dimension von Original in x,y;sollte gerade sein
C                  UOX,UOY = Abstand zweier Punkte in cm
C                  WELL = Wellenlaenge in cm
C                  FOKUS = Brennweite der Linse (pos. oder neg.)
C  Ausgabe      :  INTEN, PHASE = das Bildfeld in Entfernung DIST
C  Aenderungen  :  22.09.89 Korrektur der Phasenveraenderung
C******************************************************************
C
C Vereinbarung der Uebergabevariablen
C
      integer nox,noy
      real*8 inten(0:1),phase(0:1)
      real*8 uox,uoy
      real*8 well
      real*8 fokus
C
C Mitte der Arrays
C
      integer mox,moy
C
C Laufvariablen
C
      integer i
C
C Zwischenergebnisse und Hilfsvariablen
C
      real*8 k,pi
C
C Initialisierung
C
      pi=4.*datan(dble(1.))
      k=2*pi/well
C
C Die Mitte der Arrays ist bei N.../2
C
      mox=nox/2
      moy=noy/2
C
C Schleife ueber das ganze Original
C
      do 100 i=0,nox*noy-1
        phase(i)=phase(i)-k/2./fokus*
     &                    (((mod(i,nox)-mox)*uox)**2+
     &                    ((   i/nox  -moy)*uoy)**2)
 100  continue
```

```fortran
      return
      end


      subroutine input (inten,phase,nox,noy,uox,uoy,well)
C*****************************************************************
C Name         : INPUT
C Programmierer: M. Gorriz
C Datum        : 20.10.88
C Ziel         : Liest die Daten von einem File ein
C Eingabe      : NOX,NOY = Dimension von Original in x,y
C Ausgabe      : INTEN = reelle Matrix, Intensitaet
C                PHASE = reelle Matrix, Phase
C                UOX,UOY = Abstand zweier Punkte in cm
C                WELL = Wellenlaenge in cm
C Aenderungen  :
C*****************************************************************
C
C Vereinbarung der Uebergabevariablen
C
      integer nox,noy
      real*8 inten(0:1),phase(0:1)
      real*8 uox,uoy
      real*8 well
C
C Laufvariablen
C
      integer iox,ioy
C
C Zwischenergebnisse
C
      real*4 xl,yl,lambda,dum1,dum2,dum3
      character*32 fname
      real*4 linei(0:255),linep(0:255),suox,suoy
C
C Abfrage des Dateinamens und Oeffnen der Datei
C
      write(6,*) 'Dateiname:?'
      read(*,10) fname
 10   format(a)
      open(unit=20,file=fname,status='old',form='unformatted')
C
C Lesen und Verarbeiten der 1. Zeile
C
      read(20) xl,yl,suox, suoy, lambda, dum1,dum2,dum3
      nox=int(xl)
      noy=int(yl)
      uox=dble(suox)
      uoy=dble(suoy)
      well=dble(lambda*1.e-4)
C
C Schleife ueber das ganze Original
C
      do 100 iox=0,nox-1
        read(20) (linei(ioy),linep(ioy),ioy=0,noy-1)
        do 110 ioy=0,noy-1
          inten(iox+nox*ioy)=dble(linei(ioy))
          phase(iox+nox*ioy)=dble(linep(ioy))
 110    continue
 100  continue
      close(20)
```

```fortran
      return
      end


      subroutine output (inten,phase,nox,noy,uox,uoy,well)
C****************************************************************************
C  Name          : OUTPUT
C  Programmierer: M. Gorriz
C  Datum         : 20.10.88
C  Ziel          : Schreibt die Daten in eine Datei
C  Eingabe       :
C  Ausgabe       : INTEN = reelle Matrix, Intensitaet
C                  PHASE = reelle Matrix, Phase
C                  NOX,NOY = Dimension von Original in x,y
C                  UOX,UOY = Abstand zweier Punkte in cm
C                  WELL = Wellenlaenge in cm
C  Aenderungen   :
C****************************************************************************
C
C Vereinbarung der Uebergabevariablen
C
      integer nox,noy
      real*8 inten(0:1),phase(0:1)
      real*8 uox,uoy
      real*8 well
C
C Laufvariablen
C
      integer iox,ioy
C
C Zwischenergebnisse
C
      real*4 xl,yl,lambda
      character*32 fname
C
C Abfrage des Dateinamens und Oeffnen der Datei
C
      write(6,*) 'Dateiname:?'
      read(*,10) fname
 10   format(a)
      open(unit=20,file=fname,status='new',form='unformatted')
C
C Duplizieren der ersten Zeile, falls nur eine Dimension berechnet wurde
C Dieses ist nur wichtig fuer Dateiformat von GLADV
C
      if (noy.eq.1) then
        noy=nox
        do 60 ioy=1,noy-1
          do 50 iox=0,nox-1
             inten(iox+nox*ioy)=inten(iox)
             phase(iox+nox*ioy)=phase(iox)
 50       continue
 60     continue
      endif
C
C Aufbereiten und Schreiben 1. Zeile
C
      xl=real(nox)
      yl=real(noy)
      lambda=real(well/1.e-4)
      write(20) xl,yl,real(uox), real(uoy), lambda, 0.,0.,0.
```

```
C
C Schleife ueber das ganze Original
C
      do 100 iox=0,nox-1
        write(20)(real(inten(iox+nox*ioy)),
     &            real(phase(iox+nox*ioy)),ioy=0,noy-1)
  100 continue
      close(20)
      return
      end

      subroutine schnitte (inten,phase,buf1,buf2,buf3,buf4,orgi,orgp,
     &             nox,noy,uox,uoy,well,dist1,dist2,nschnitte,
     &             s,taille,distt,nxy)
C*****************************************************************
C  Name          : SCHNITTE
C  Programmierer : M. Gorriz
C  Datum         : 14.06.90
C  Ziel          : Berechnung von mehreren Linienschnitten einer Welle
C                  in bestimmten Entfernungen durch Aufruf von PROP
C  Eingabe       : INTEN = reelle Matrix, Original-Intensitaet
C                  PHASE = reelle Matrix, Original-Phase
C                  BUF1+2 = Zwischenspeicher mit Dimension wie INTEN
C                           zum Aufruf von PROP
C                  BUF3+4 = Zwischenspeicher zum Speichern des Ergebnisses
C                           Dimension ist festgehaltene Seite x NSCHRITTE
C                           <= die Dimension von INTEN + PHASE
C                  ORGI,ORGP = Zwischenspeicher zum Speichern des Originals
C                           Dimension ist wie von INTEN + PHASE
C                  NOX,NOY = Dimension von Original in x,y; sollte
C                           gerade sein
C                  UOX,UOY = Abstand zweier Punkte in cm
C                  WELL = Wellenlaenge in cm
C                  DIST1,DIST2 = Entfernung des ersten bzw. letzten
C                                Schnitts
C                  NSCHNITTE = Anzahl der Schnitte
C                  S = Ort, an dem der Schnitt gemacht werden soll (vgl.SX,
C                      SY)
C                  TAILLE = Taille, falls mit dem aequivalenten Gauss'
C                           Strahl normiert werden soll, falls 0 wird
C                           fuer das Ergebnisfeld immer UOX und UOY verwendet
C                  DISTT = Entfernung der Taille des aequivalenten
C                          Gauss'strahl von der augenblicklichen Position
C                  NXY = Falls =0 wird die x-Richtung veraendert, sonst y
C  Ausgabe       : INTEN, PHASE = Schnitte in x oder y-Richtung
C  Aenderungen   :
C*****************************************************************
C
C Vereinbarung der Uebergabevariablen
C
      integer nox,noy,nschnitte,nxy
      real*8 inten(0:1),phase(0:1)
      real*8 orgi(0:1),orgp(0:1)
      real*8 buf1(0:1),buf2(0:1),buf3(0:1),buf4(0:1)
      real*8 uox,uoy
      real*8 well
      real*8 dist1,dist2,s,taille,distt
C
C Entfernung des nächsten Schnittes
C
      real*8 dist
```

```fortran
C
C Rayleigh-Range und Radius des aequivalenten Gauss'strahls
C
      real*8 rr,w
C
C Groessenfaktor, mit dem die Strahlbreite normiert wird
C
      real*8 wfakt
C
C Wegdifferenz zwischen zwei Schnitten
C
      real*8 dd
C
C Interne Hilfs- und Zwischenvariablen
C
      real*8 pi,ubx,uby
      integer i,j,k
      logical lnorm,lx
C
C Initialisierung
C
      pi=4.*datan(dble(1.))
      if (nschnitte.le.1) return
      dd=(dist2-dist1)/(nschnitte-1)
      ubx=uox
      uby=uoy
C
C Sichern der Werte in die Felder
C
      do 100 i=0,nox*noy-1
         orgi(i)=inten(i)
         orgp(i)=phase(i)
100   continue
C
C Falls taille > 0, wird mit aequivalentem Gauss'strahl normiert
C
      if (taille.gt.0) then
         rr=pi*taille**2/well
         lnorm=.true.
      else
         wfakt=1.
         lnorm=.false.
      endif
C
C Entscheidung zur welcher Achse die Schnitte parallel liegen sollen
C
      if (nxy.eq.0) then
         if (nschnitte.gt.noy) nschnitte=noy
         lx=.true.
      else
         if (nschnitte.gt.nox) nschnitte=nox
         lx=.false.
      endif
C
C Schleife ueber alle Schnitte
C
      do 110 i=0,nschnitte
         dist=dist1+dd*i
         if (lnorm) wfakt=sqrt((rr**2+(dist-distt)**2)/(rr**2+distt**2))
C
C Normieren der Masze
```

```fortran
C
          ubx=uox*wfakt
          uby=uoy*wfakt
C
C Propagieren eines Streifens und Abspeichern des Ergebnisses je nach
C Blickrichtung
C
          if (lx) then
            call prop (inten,phase,buf1,buf2,nox,noy,uox,uoy,
     &                 nox,1,ubx,uby,well,s,s,dist)
            do 120 j=0,nox-1
              k=j+i*nox
              buf3(k)=inten(j)*wfakt**2
              buf4(k)=phase(j)
120         continue
          else
            call prop (inten,phase,buf1,buf2,nox,noy,uox,uoy,
     &                 1,noy,ubx,uby,well,s,s,dist)
            do 130 j=0,noy-1
              k=i+j*nschnitte
              buf3(k)=inten(j)*wfakt**2
              buf4(k)=phase(j)
130         continue
          endif
C
C Originales INTEN und PHASE aus ORGI und ORGP holen
C
          do 140 k=0,nox*noy-1
            inten(k)=orgi(k)
            phase(k)=orgp(k)
140       continue
110     continue
C
C Ergebnis in INTEN und PHASE speichern
C
        do 150 i=0,nox*noy-1
          inten(i)=buf3(i)
          phase(i)=buf4(i)
150     continue
        return
        end
```

Allen, die mir bei der Verwirklichung der Arbeit geholfen haben, möchte ich an dieser Stelle meinen Dank aussprechen.

Insbesondere danke ich Herrn Dr. Born und Herrn Dr. Hermansdorfer, die mir die Erstellung der Arbeit durch Bereitstellung von Ressourcen ermöglicht haben, sowie allen anderen Kollegen bei der Messerschmitt-Bölkow-Blohm GmbH, die mir jederzeit mit Rat und Tat zur Seite standen.

Den Herren Hofman und Schmidtchen danke ich für die Unterstützung im Labor und bei den Berechnungen. Beide haben Diplomarbeiten angefertigt, die durch die vorliegende Arbeit initiiert wurden.

Ganz besonders möchte ich Herrn Prof. Dr.-Ing. Hügel und Herrn Dr. Giesen dafür danken, daß Sie die Arbeit während der gesamten Enstehung betreut haben und mir mit vielen wertvollen Anregungen immer wieder weitergeholfen haben. Ebenfalls danke ich Herrn Prof. Dr. phil. Tiziani, der die Arbeit als Mitberichter betreut hat.

Zoske
Modell zur rechnerischen Simulation von Laserresonatoren und Strahlführungssystemen

Ein Rechenmodell wird vorgestellt, mit dem sich die Intensitäts- und Phasenverteilung eines Laserstrahls von seiner Entstehung in der Strahlquelle bis hin zum Werkstück verfolgen und berechnen läßt. Dazu wird u. a. ein neuartiges Verfahren entwickelt, mit dessen Hilfe die Auswirkung von Brechungsindexänderungen innerhalb des laseraktiven Mediums auf die Strahleigenschaften exakt darstellbar ist. Ein Strahlverfolgungsalgorithmus (Raytracing-Verfahren) gestattet die Berechnung des optischen Strahlweges, wie er von verschiedenartigen optischen Elementen bestimmt wird. Der Praxisbezug des theoretischen Modells wird durch die Beschreibung eines exemplarischen Systems aus Strahlquelle, Strahlführung und Fokussierung demonstriert. Dabei werden insbesondere die Rückwirkungen optischer Elemente infolge ihrer Deformation unter thermischer oder mechanischer Belastung sowie seitlicher Strahlbegrenzung auf den fokussierten Laserstrahl hervorgehoben.

Aus dem Inhalt

Grundlagen zur geometrischen Optik und Wellenoptik – Stabile und instabile Resonatoren – Beugungsbegrenzte Strahlausbreitung in optischen Resonatoren – Berechnung optischer Elemente durch Strahlverfolgung – Berücksichtigung des resonatorinternen Mediums – Berechnung eines Strahlführungssystems

Von Dr.-Ing.
Uwe Zoske
Universität Stuttgart
Institut für Strahlwerkzeuge
(IFSW)

1992. II, 186 Seiten.
16,2 x 22,9 cm.
Kart. DM 79,–
ISBN 3-519-06205-4

Hügel, Forschungsberichte
des IFSW

Preisänderungen vorbehalten.

Schreiner-Mohr

Geschwindigkeits-bestimmende Strahleigenschaften und Einkoppel-mechanismen beim CO_2-Laserschneiden von Metallen

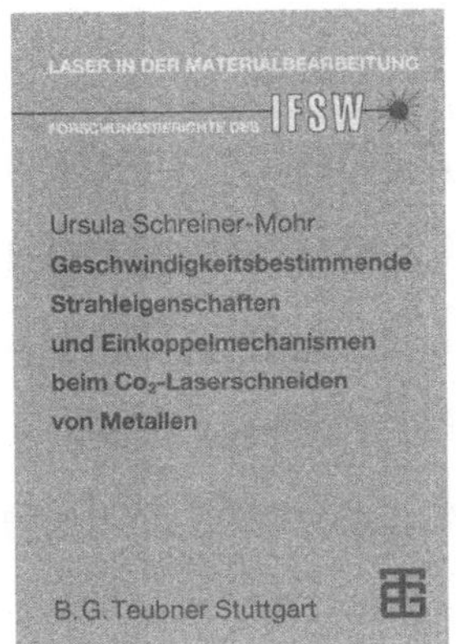

Obwohl das Schneiden das bedeutendste und am weitesten verbreitete Bearbeitungsverfahren mit CO_2-Lasern ist, sind die physikalischen Mechanismen, welche den Prozeß gestalten, noch nicht vollständig verstanden. Als Folge davon ist es nicht möglich, Vorhersagen zur anlagen- und werkstoffspezifisch erzielbaren Schneidgeschwindigkeit und -qualität ohne eingehende experimentelle Voruntersuchungen zu treffen. In dieser Arbeit wird zunächst verdeutlicht, daß grundsätzlich jedes Metall geschnitten werden kann, wenn eine Laserleistung verfügbar ist, die einen durch die Materialeigenschaften bedingten Schwellwert überschreitet. Für Materialien, bei denen der Schneidprozeß nicht durch fluiddynamische Vorgänge des Schmelzaustriebs dominiert ist, wird eine sogenannte reduzierte Darstellung der Schneidgeschwindigkeit vorgeschlagen. Sie gestattet, ausgehend von nur einer Versuchsreihe, auf Ergebnisse bei veränderter Werkstückdicke, Leistung und Fokussierung zu schließen. Darüber hinaus lassen sehr detaillierte Untersuchungen zur Energieeinkopplung den Schneidprozeß als einen sich selbst regelnden Vorgang im Zusammenwirken von durch Polarisationseffekte bestimmter Absorption, Schnittfrontneigung, Fugenbreite und Schneidgeschwindigkeit erkennen und besser verstehen.

Von Dr.-Ing.
Ursula Schreiner-Mohr
Universität Stuttgart
Institut für Strahlwerkzeuge
(IFSW)

1992. ca. 160 Seiten.
16,2 x 22,9 cm.
Kart. ca. DM 76,–
ISBN 3-519-06207-0

Hügel, Forschungsberichte
des IFSW

Preisänderungen vorbehalten.

Aus dem Inhalt

Grundlagen des Trennens mit CO_2-Lasern – Untersuchungen zur maximalen Geschwindigkeit beim Schmelz- und Brennschneiden – Vergleich der Ergebnisse beim Einsatz stabiler und instabiler Resonatoren – Einkopplung der Laserleistung – Polarisationseinfluß – Theoretische Behandlung der Einkopplungs- und Wärmeleitungsvorgänge

Rudlaff
Arbeiten zur Optimierung des Umwandlungshärtens mit Laserstrahlen

Im Vergleich zu anderen Verfahren der Materialbearbeitung mit Lasern hat das Umwandlungshärten in der industriellen Praxis eine noch geringe Verbreitung gefunden. Ein wesentlicher Grund ist der, daß das Laserhärten trotz Vorzügen wie hohe Flexibilität bezüglich der Bauteilgeometrie und geringe Wärmebelastung des Werkstückes in wirtschaftlicher Hinsicht mit etablierten Verfahren häufig nicht konkurrieren kann. In der vorliegenden Arbeit werden verschiedene Methoden zur Steigerung von Effizienz und Flexibilität und damit der Wirtschaftlichkeit des Laserhärtens untersucht und dargestellt. Im Vordergrund stehen Maßnahmen zur flexiblen Gestaltung der Intensitätsverteilung innerhalb der bestrahlten Werkstückoberfläche und die Entwicklung einer temperaturgeregelten Prozeßdurchführung beim Einsatz von CO_2-Lasern. Der vorteilhafte Einfluß einer im Vergleich zu 10,6 µm kürzeren Wellenlänge wird durch Experimente mit CO- und Nd: YAG-Lasern demonstriert. Ein numerisches Simulationsmodell ermöglicht die Durchführung von Parameterstudien und die rasche Ermittlung von Prozeßgrenzen.

Aus dem Inhalt

Absorption der Laserstrahlung – Grundlagen des Laserstrahlhärtens – Absorptionserhöhung durch Schrägeinfall – Härteuntersuchungen bei verschiedenen Wellenlängen – Oberflächentemperaturregelung – Flexible Strahlformung mit Schwingspiegeloptiken und Leistungsregelung – Numerische Simulation des Härtevorganges

Von Dr.-Ing.
Thomas Rudlaff
Universität Stuttgart
Institut für Strahlwerkzeuge
(IFSW)

1992. ca. 163 Seiten.
16,2 x 22,9 cm.
Kart. ca. DM 76,–
ISBN 3-519-06208-9

Hügel, Forschungsberichte
des IFSW

Preisänderungen vorbehalten.

 B.G. Teubner Stuttgart

Borik

Einfluß optischer Komponenten auf die Strahlqualität von Hochleistungslasern

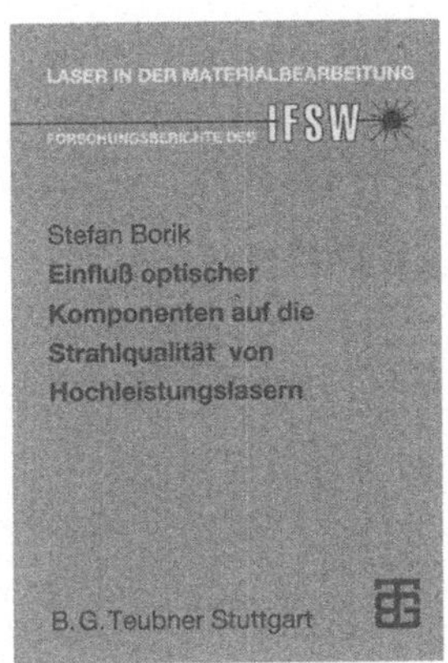

Mit der Weiterentwicklung der Hochleistungslaser gewinnt die Bereitstellung von optischen Elementen, mit deren Hilfe der Strahl geführt und geformt werden kann, zunehmend an Bedeutung. Vor diesem Hintergrund werden experimentelle Untersuchungen und theoretische Berechnungen zur Charakterisierung und Beurteilung von Komponenten für die Verwendung bei 10,6 µm durchgeführt. Neben der Behandlung der Aberration optischer Elemente und der Anforderungen an die Justiergenauigkeit wird insbesondere auf die Aspekte der thermischen Belastung von sowohl transmittierenden wie reflektierenden Optiken eingegangen. Hierzu werden Methoden der Absorptionsmessung ebenso vorgestellt wie interferometrische Messungen der Deformation von Spiegeloberflächen während der Bestrahlung. Berechnungen zum Deformationsverhalten mittels der Methode der Finiten Elemente ergänzen die experimentellen Untersuchungen und erlauben die Durchführung von Parameterstudien. Schließlich werden unterschiedliche Kühlkonzepte einander gegenübergestellt und diskutiert.

Aus dem Inhalt

Berechnung der Strahlausbreitung – Aberration und Justage optischer Elemente – Interferometrische Untersuchungen – Messung der Absorption – Berechnungen nach der Methode der Finiten Elemente – Verhalten optischer Komponenten bei Bestrahlung

Von Dr.-Ing.
Stefan Borik
Universität Stuttgart
Institut für Strahlwerkzeuge
(IFSW)

1992. ca. 190 Seiten.
16,2 x 22,9 cm.
Kart. ca. DM 79,–
ISBN 3-519-06209-7

Hügel, Forschungsberichte
des IFSW

Preisänderungen vorbehalten.

B.G. Teubner Stuttgart

Hügel
Strahlwerkzeug Laser

Eine Einführung

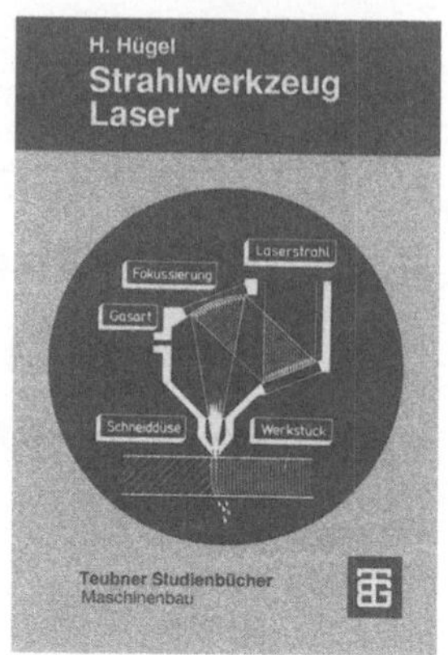

Mit der wachsenden Bedeutung des Lasers in der industriellen Fertigung steigt der Bedarf an qualifizierten Mitarbeitern, die den Einsatz dieses Werkzeugs schon bei der Konstruktion eines Produktes und der Planung des Fertigungsablaufs·in Betracht ziehen. Dazu ist das Verständnis der Funktion des gesamten Systems der Werkzeugmaschine Laser ebenso erforderlich wie die Kenntnis der Vorgänge am Werkstück und die daraus resultierenden fertigungstechnischen Möglichkeiten.

Demgemäß umfaßt der Stoff alle relevanten Teilaspekte von der Entstehung der Laserstrahlung bis hin zum Bearbeitungsverfahren. In anschaulicher Form werden sowohl die wichtigsten physikalischen und technologischen Grundlagen wie auch die erforderlichen technischen Einrichtungen dargestellt.

Bei der Behandlung der Verfahren stehen allgemeingültige Zusammenhänge zwischen den Prozeßparametern und den Bearbeitungsergebnissen im Vordergrund.

Das Buch wendet sich an Studierende ingenieurwissenschaftlicher Disziplinen – insbesondere des Maschinenbaus – und an bereits auf diesem Gebiet tätige Ingenieure. Es soll ihnen ein fundiertes Grundlagenwissen zu einem modernen Werkzeug vermitteln.

Von Prof. Dr.-Ing. habil.
Helmut Hügel
Universität Stuttgart
Institut für Strahlwerkzeuge

1992. X, 357 Seiten
mit 305 Bildern.
13,7 x 20,5 cm.
Kart. DM 39,–
ISBN 3-519-06134-1

Teubner Studienbücher

Preisänderungen vorbehalten.

Aus dem Inhalt

Grundlagen des Lasers: Erzeugung von Laserstrahlung, Resonatoren und ihre Moden, Polarisation – Laser für die Materialbearbeitung: CO_2-, Nd:YAG- und Excimer-Laser – Strahlführung und Strahlformung – Bearbeitungsstationen – Wechselwirkung Laserstrahl/Werkstück – Verfahren der Materialbearbeitung: Schneiden, Abtragen, Schweißen, Härten und Legieren – Wirtschaftlichkeitsbetrachtungen – Sicherheitsaspekte

B.G. Teubner Stuttgart